职业教育"校企双元、产教融合型"系列教材

微课版

WPS Office 实例教程

王贵红　刘银涛　主　编
陆　草　张海锋　副主编

化学工业出版社

·北京·

内容简介

本书按照WPS软件教学特点与中职学生学习规律，采用模块—任务式的体例编写。全书共设置四个模块：WPS文字应用、WPS表格应用、WPS演示文稿应用、WPS AI应用，详细介绍WPS Office办公软件的使用方法和应用技巧，对包括WPS AI、云文档在内的智能化信息处理功能做了系统性梳理。书中将软件使用技巧分析与任务案例制作有效结合，通过13个任务实例对软件知识和任务实现方法进行详述。各个实例都配有教学微视频、源文件，便于学生自学、实践操作，可扫描书中二维码查看，或登录化工教育网下载使用。各个模块都设有知识巩固习题，并配有答案，可扫书中二维码获取。

本书适合作为中等职业学校计算机应用专业课程的教材，也可作为提升WPS Office办公软件能力的自学参考用书。

图书在版编目（CIP）数据

WPS Office实例教程 / 王贵红，刘银涛主编．—北京：化学工业出版社，2024.3
ISBN 978-7-122-44924-5

Ⅰ.①W… Ⅱ.①王… ②刘… Ⅲ.①办公自动化-应用软件-中等专业学校-教材 Ⅳ.①TP317.1

中国国家版本馆CIP数据核字（2024）第031842号

责任编辑：张　阳　金　杰　　　　装帧设计：梧桐影
责任校对：田睿涵

出版发行：化学工业出版社
　　　　　（北京市东城区青年湖南街13号　邮政编码100011）
印　　装：高教社（天津）印务有限公司
787mm×1092mm　1/16　印张11　字数174千字
2024年5月北京第1版第1次印刷

购书咨询：010-64518888　　　　售后服务：010-64518899
网　　址：http://www.cip.com.cn

凡购买本书，如有缺损质量问题，本社销售中心负责调换。

定　　价：39.80元　　　　　　　　版权所有　违者必究

职业教育"校企双元、产教融合型"系列教材

编审委员会

主　任：邓卓明
委　员：（列名不分先后）
　　　　邓卓明　郭　建　黄　轶　刘川华
　　　　刘　伟　罗　林　薛　虎　徐诗学
　　　　王贵红　袁永波　赵志章　赵　静
　　　　朱喜祥

《WPS Office实例教程》编写人员

主　　编：王贵红　刘银涛
副主编：陆　草　张海锋
编写人员：（列名不分先后）
　　　　王贵红　刘银涛　陆　草　张海锋
　　　　阳登群　艾炜婷　武　睿　杨飞雪
　　　　邓贵丹　邓大伟　熊昌模　杨晓斌
　　　　张远伟　甘雪莲　张家瑜　廖开燕
　　　　赵长钰　杨婧灵　龙　娅　唐琳娜

前言

当今社会，信息技术的迅速进步为全球经济带来了新的发展动力。党的二十大报告指出，要坚持自信自立。以WPS为代表的国产信息技术软件，在AI技术、智能办公等领域走在了世界前列。掌握相关软件应用，有助于用户更好地适应数字化时代的工作模式和需求，对于提高个人和组织的工作效率和竞争力具有重要的意义。

作为中等职业学校计算机应用专业教材，本书以实现信息化、建设人才强国的总体目标为引领，以行业要求为出发点，以专业教学标准和1+X WPS办公应用职业技能等级证书考核要求为编写依据。根据中等职业学校学生的认知特点，将WPS Office课程的知识点分解并归纳，精选学生日常学习、生活中的案例设计出相应的任务实例，同时融入1+X职业技能等级证书考核要求，充分体现"做中教，做中学"的职业教育理念，锻炼学生的信息技术操作能力，培养学生的信息素养。在传授知识的同时，注重培养学生快速适应岗位要求的能力和创新精神。

本书是校企合作、产教融合的实践成果，由重庆市南川隆化职业中学校组织编写，编写人员为教学一线专业教师、行业企业技术骨干。成书过程中，北京金山办公软件股份有限公司、重庆昭信教育研究院提出了许多宝贵意见。由于WPS软件的特性，本书部分内容可能随时间更新而与实际情况存在差异，敬请理解。限于时间、编者水平，书中可能存在不足之处，恳请广大读者不吝赐教，共同完善。

编者
2023年12月

目 录

模块一　WPS 文字应用

任务一　制作班级活动通知
　　　　——操作环境设置与文稿的创建、输出　/ 002
任务二　制作产品说明书
　　　　——图形、图像编辑与文字排版　/ 017
任务三　制作班级活动简报
　　　　——表格的编辑与云文档功能　/ 030
知识巩固　/ 038

模块二　WPS 表格应用

任务一　制作学生信息统计表
　　　　——格式页面设置与表格的创建、输出　/ 041
任务二　制作学生半期成绩统计表
　　　　——表格的函数运用与排序、筛选　/ 058
任务三　制作物业费用统计图表
　　　　——表格的图表功能　/ 074
任务四　制作学生期末成绩数据透视表
　　　　——表格的数据透视功能　/ 091
知识巩固　/ 101

模块三 WPS 演示文稿应用

任务一 制作课程框架演示文稿
　　　　——WPS 演示文稿基础与思维导图应用 / 103

任务二 制作二十四节气之秋分介绍演示文稿
　　　　——图片形状编辑与文字、表格应用 / 118

任务三 制作城市宣传演示文稿
　　　　——音频动画设置及幻灯片放映 / 133

知识巩固 / 146

模块四 WPS AI 应用

任务一 制作暑期实习工作证明
　　　　——WPS 文字 AI 功能应用 / 149

任务二 统计教材征订表金额
　　　　——WPS 表格 AI 功能应用 / 155

任务三 制作古诗赏析演示文稿
　　　　——WPS 演示文稿 AI 功能应用 / 161

知识巩固 / 168

参考文献 / 170

模块一　WPS文字应用

WPS文字应用拥有强大的文字编辑处理和图文排版功能，可用于创建、编辑和格式化文档，支持多种文本格式、图像、表格、图表等。使用WPS文字应用可以轻松地完成文本编辑、排版、打印、导出等常见操作，并且它具有丰富的功能和工具，可以用来制作各种结构清晰、样式精美的文档、海报等文字材料。

学习目标

素养目标

具备创新精神和实践能力；
具备审美能力和人文素养；
具备协作沟通能力和团队合作意识；
具备认真、严谨编辑文档的意识。

知识目标

熟悉WPS文字应用的操作界面和组成结构；
掌握输入与编辑文本的方法；
掌握在WPS文字应用中新建文档、保存文档的方法；
掌握WPS文字应用中样式的修改和套用；
掌握WPS文字应用的图文混排操作方法；
掌握WPS文字应用插入对象的编辑方法。

能力目标

能独立进行文字的处理操作；
能够利用WPS文字应用进行图文混排。

任务一 制作班级活动通知
——操作环境设置与文稿的创建、输出

任务描述

利用WPS文字应用制作并打印一份班级活动通知。通知要明确活动对象、活动内容、活动时间、活动地点、活动规则与要求等信息。

任务分析

作为班级活动的重要组成部分，班级活动通知发挥着至关重要的组织和引导作用。它能确保班级成员及时获取活动的详细信息，从而充分准备并积极参与其中。

使用WPS文字应用的文字编辑功能可以快速、准确地编辑和排版班级活动通知内容，包括设置字体、字号、对齐方式等。同时，使用WPS文字应用的输出打印功能，能够满足班级活动通知的制作要求。

任务知识

一、认识WPS文字应用工作界面

WPS文字应用的窗口主要由标题栏、功能区、编辑区、状态栏、导航窗格、任务窗格等六部分组成，如图1-1-1所示。

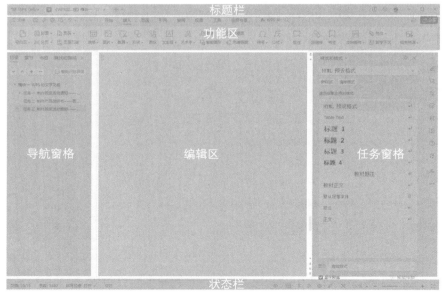

图1-1-1 WPS文字应用工作界面

1. 标题栏

标题栏位于WPS文字应用窗口的最上方，通过栏目左侧可以快速新建文档、切换打开的文档，通过栏目右侧可以将文档保存到云端，并编辑登录账号信息，如图1-1-2所示。

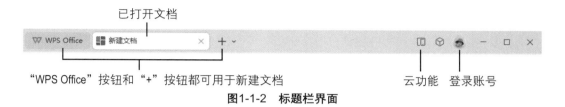

图1-1-2　标题栏界面

2. 功能区

功能区位于标题栏的下方，是使用WPS文字应用功能的主要入口，由文件菜单、快速访问工具栏、选项卡、工具栏、AI与搜索功能组成，如图1-1-3所示。

文件菜单：通过文件菜单，用户可以选择"新建""打开""保存""输出为PDF"等操作。

快速访问工具栏：该工具栏默认显示在文件菜单的右侧，由"保存""输出为PDF""打印""打印预览""撤消""恢复"六个工具按钮组成。

选项卡与工具栏：选项卡分类列出了WPS文字应用的所有功能，在选项卡中选择不同的选项，工具栏也会随之变化。

AI与搜索功能：可以通过"搜索"选项查找功能、搜索模板。AI相关功能将在本书模块四做具体介绍。

图1-1-3　功能区界面

3. 编辑区

编辑区位于WPS文字应用窗口的正中央，是文本内容编辑和呈现的主要区域。如图1-1-4所示，在"视图"选项卡中可以为编辑区添加标尺和网格线。

图1-1-4　在"视图"选项卡中为编辑区添加标尺和网格线

4. 状态栏

状态栏位于WPS文字应用窗口的最下方，由文档状态显示区和视图控制区组成，如图1-1-5、图1-1-6所示。它们主要用于显示文档状态和提供视图控制。

图1-1-5　文档状态显示区

图1-1-6　视图控制区

视图控制区控制工具从左到右依次是"护眼模式""页面视图""大纲视图""阅读版式""Web版式""写作模式"。在实际应用中，建议保持默认的"页面视图"模式不改变，只有在"页面视图"模式下编辑WPS文字应用文档，才有"所见即所得"的打印效果。

5. 导航窗格

导航窗格位于WPS文字应用窗口的左侧，主要用于长文档编辑快速定位编辑位置。编辑10页以内的短文档，可以不使用导航窗格。在"视图"选项卡中，单击"导航窗格"工具，可以显示或隐藏导航窗格。

6. 任务窗格

任务窗格位于WPS文字应用窗口的右侧，用于特定的任务操作。单击任务窗格中的各种按钮，可以打开或隐藏特定的功能面板，如图1-1-7所示。

图1-1-7　任务窗格

二、WPS文字文档的新建与保存

1. 新建WPS文字文档

新建WPS文字文档，通常有4种方法，用户可以根据实际情况选用。

方法一，打开WPS后选择"新建"＞"文字"，新建一个空白文档，如图1-1-8所示。

图1-1-8　打开WPS后选择"新建"＞"文字"

方法二，单击"标题栏"上的"+"按钮，然后单击"Office文档"下的"文字"按钮，如图1-1-9所示，新建一个空白文档。

方法三，单击"文件"标签中的"新建"按钮，如图1-1-10所示，然后单击"空白文档"按钮，新建一个空白文档。

图1-1-9　单击"标题栏"上"+"按钮后出现的界面

图1-1-10　单击"文件"标签出现"新建"按钮

方法四，使用快捷键Ctrl+N，新建一个空白文档。

注意：方法二、三、四都是基于已建立文字文档打开WPS文字界面后又新建文档的方法。

2. 保存文字文档

方法一，新建文档后，选择"文件"＞"保存"命令，弹出"另存为"对话框，如图1-1-11所示，选择存储路径，输入文件名，选择文件类型，单击"保存"按钮保存文件。

图1-1-11　"另存为"对话框

方法二，单击"快速访问工具栏"中的"保存"按钮，打开"另存文件"对话框进行保存，如图1-1-12所示。

图1-1-12　"保存"按钮

方法三，使用快捷键Ctrl+S，打开"另存为"对话框进行保存。

方法四，文件保存后，选择"文件">"另存为"命令，选择文件类型，单击"保存"按钮保存文件。这种保存方式可以保存当前内容，同时又不替换原来的内容。

除了常规保存文件方法，WPS文字应用还提供了"输出为PDF""输出为图片""输出为PPTX"等输出方式。

"输出为PDF"：将当前内容以PDF格式输出。选择"文件">"输出为PDF"命令，弹出窗口，如图1-1-13所示，点击"开始输出"，即可完成PDF文件输出。

图1-1-13　"输出为PDF"窗口

"输出为图片"：将当前内容以图片形式输出。选择"文件">"输出为图片"命令，弹出窗口，如图1-1-14所示，选择需要的参数，点击"开始输出"，即可完成图片输出。

图1-1-14　"批量输出为图片"窗口

"输出为PPTX"：将当前内容以演示文稿形式输出。选择"文件">"输出为PPTX"命令，弹出窗口，如图1-1-15所示，点击"导出PPT"，即可完成输出。注意：目前该功能仅能搭建PPT简单框架，标题框架以文档标题层级为依据，因此该功能使用对文字排版有一定要求。

图1-1-15　"Word转PPT"窗口

三、文字编辑

1. 输入文本内容

（1）**定位光标位置**　在输入文本内容之前，需要先确定光标所在位置。当前光标所在位置即文本输入的位置。

（2）**切换适合的输入法**　使用快捷键Ctrl+Shift可以在不同的输入法之间快速切换，或者在任务栏的输入法图标上单击，选择合适的输入法即可切换。

（3）**录入文本内容**　在输入内容的过程中，按回车键可以分段换行。若文本中有些符号不能从键盘上直接录入，可以利用"插入"选项卡下的"符号"下拉列表进行选择，如图1-1-16所示。

图1-1-16　"符号"按钮

2. 修改和编辑文本

（1）**选择文本**　选择普通文本：按住鼠标左键拖动可以灵活选择连续文本；选择分散文本：利用鼠标拖动的方式选中第一个文本对象，再配合Ctrl键选中另外的文本内容；选择整篇文本：按住Ctrl+A组合键即可选中整篇文本。

（2）**复制粘贴文本**　选中需要复制的文本对象，单击鼠标右键，在弹出的快速菜单中单击"复制"按钮或者使用快捷键Ctrl+C，然后定位光标到需要复制文本内容的位置，单击"粘贴"或者使用快捷键Ctrl+V即可完成复制粘贴。

（3）**移动文本**　方法一，选中需要移动的文本对象，单击鼠标右键，在弹出的快速菜单中单击"剪切"按钮或者使用快捷键Ctrl+X，然后定位光标到需要移动文本内容的位置，单击"粘贴"或者使用快捷键Ctrl+V即可完成移动。方法二，选中需要移动的文本对象，将选中文本直接拖到要移动的位置即可。

（4）**删除文本**　选中需要删除的文本对象，按下键盘上的Delete键或Backspace键即可删除选中的文本。若没有选中文本对象，按Delete键会删除当前光标之后的字符，按Backspace键则会删除当前光标之前的字符。

（5）**撤销与恢复**　撤销与恢复是编辑操作中的常用操作，一般放置于快速访问工具栏中，如图1-1-17所示。撤销步数影响电脑缓存，选择"文件">"选项">"编辑"，可以修改"撤销/恢复操作步数"，如图1-1-18所示。

图1-1-17　撤销与恢复按钮

图1-1-18　"撤销/恢复操作步数"设置

（6）查找和替换　当文档信息量较大时，逐个查找和修改文句会非常烦琐。此时，使用"查找和替换"功能可以快速对局部字句进行查找和修改。选择"开始">"查找与替换"，弹出"查找与替换"对话框。在"查找内容"框中，输入需要查找的内容，点击"查找下一处"即可完成查找工作，如图1-1-19所示。可以在"替换"选项卡输入查找内容和替换内容，单击"全部替换"即可完成全部查找内容替换，如图1-1-20所示。

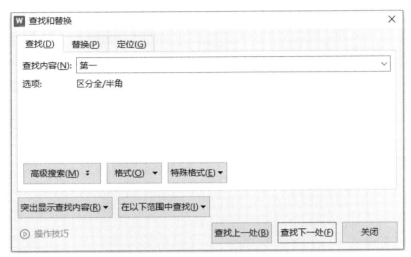

图1-1-19　"查找"功能

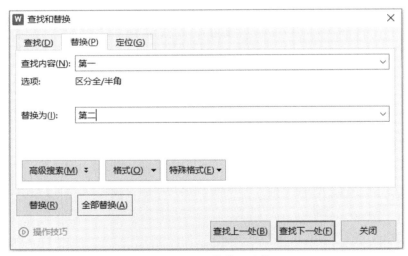

图1-1-20　"替换"功能

3. 设置字体格式

设置字体格式是WPS文字应用编辑操作的基本操作，格式包括字体、字号、字体颜色、加粗、倾斜、加下划线及文字效果等。单击"开始"选项卡，在字体选项组中进行设置即可，如图1-1-21所示。

图1-1-21　字体选项组

设置字体： 单击"字体"下拉按钮，在弹出的下拉列表中选择需要的字体单击即可。

设置字号： 单击"字号"下拉按钮，在弹出的下拉列表中选择需要的字号单击即可。中文数字字号，数字越大字越小，数字越小字越大，阿拉伯数字字号则刚好相反。

设置字体颜色： 单击"字体颜色"下拉按钮，在弹出的颜色列表中选择需要的颜色单击即可。

设置字体加粗和倾斜： 使用"加粗"工具，可以为文字添加如"**文字实例**"的文字效果；使用"倾斜"工具，可以为文字添加如"*文字实例*"的文字效果。

给文字加删除线和着重号： 使用"删除线"工具，可以为文字添加如"~~文字实例~~"的文字效果；使用"着重号"工具，可以为文字添加如"文字实例"的文字效果。

设置上标和下标： 使用"上标""下标"工具，可以为文字添加如"X^2""H_2O"的文字效果。

添加下划线： 使用"下划线"工具，可以为文字添加如"<u>文字实例</u>"的文字效果。除了对已有文字设置下划线外，还可以利用下划线功能制作空白下划线，作为预留的手动填写区域，如图1-1-22所示。

图1-1-22　空白下划线

给汉字标注拼音：选中需要标注拼音的文本内容，单击"拼音指南"下拉按钮，在弹出的下拉列表中选择"拼音指南"选项，弹出"拼音指南"对话框，设置其字体、字号、偏移量、对齐方式，单击"开始注音"即可，如图1-1-23所示。

图1-1-23 "拼音指南"对话框

设置字符间距：单击"开始"选项卡右下角的按钮，弹出"字体"对话框，如图1-1-24所示。在"字体"对话框中，单击"字符间距"选项卡，可以对字体的"缩放""间距""位置"进行设置，设置好后单击"确定"按钮即可。

图1-1-24 弹出"字体"对话框

清除文字格式：使用清除格式工具，可以清除文字的所有效果。

四、WPS文字文档的预览与打印

WPS文字应用具有"所见即所得"的功能,即在WPS文字文档编辑、排版过程中,看到的页面效果,就是文档打印出来的效果。WPS文字应用提供了打印和打印预览功能,如图1-1-25所示。打印预览功能方便用户随时了解WPS文字文档的打印效果,及时做出修改、调整。

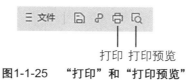

图1-1-25 "打印"和"打印预览"

1. 打印预览

在快速访问工具栏单击"打印预览"按钮,打开"打印预览"窗口,如图1-1-26所示。如果预览无误可以直接点击"打印"按钮进行打印。

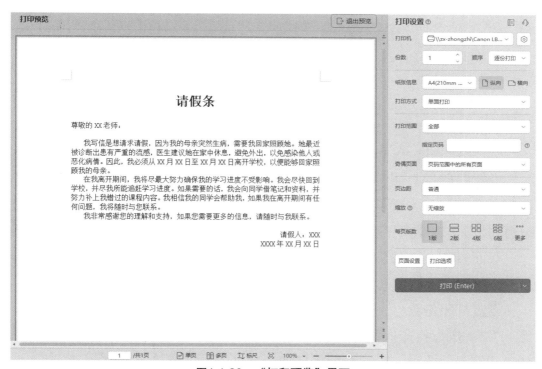

图1-1-26 "打印预览"界面

2. 打印文档

(1)**启动打印** 在快速访问工具栏单击"打印"按钮,或按快捷键Ctrl+P,都可以打开"打印"对话框,如图1-1-27所示。

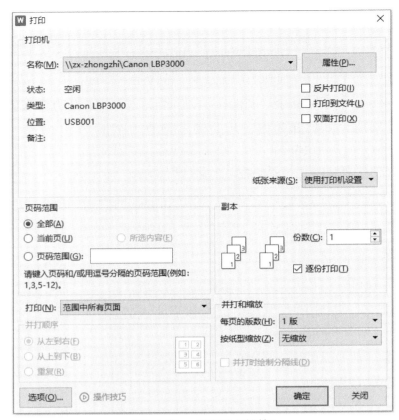

图1-1-27 "打印"对话框

（2）**设置打印参数** 具体如下。

选择打印机： 在打印机"名称"下拉列表中，可以选择打印机路径。

设置打印的页码范围： 在"打印"对话框中找到"页码范围"，其中包括"全部""当前页""页码范围"三个选项，分别对应打印全文、打印当前页面、打印局部页面三个常见功能。

双面打印： 一般情况下，双面打印需要打印两次，单次会以隔页的方式进行打印。

设置打印份数： 设置后，打印机可以根据参数批量打印文件。

（3）**执行打印操作** 在"打印"对话框中，完成打印参数设置之后，单击"确定"按钮，WPS系统将自动控制打印机完成打印操作。

任务实施

步骤一 梳理文字内容。根据任务要求收集班级活动通知的具体文字内容和相关版式。

步骤二 创建文件。新建空白文档，并保存文件在

微课

一个固定路径。

步骤三 编辑文字。使用宋体、五号字编辑文字信息。具体文字内容如下。

亲爱的同学们：

我们将于近期组织一次参观抗战纪念馆的班级活动，以缅怀历史，追忆先烈，学习抗战精神，增强班级凝聚力。现将相关事宜通知如下。

一、活动对象：全班同学及任课教师。

二、活动内容：1. 参观抗战纪念馆，了解抗战历史和先烈事迹。2. 举行主题班会，分享参观心得和感悟。3. 组织团队活动，增进同学间友谊和团结协作能力。

三、活动时间：××××年××月××日（星期×）下午2：00集合，2：30出发，预计5：00返回。

四、活动地点：抗战纪念馆（具体地址见附件）。

五、活动规则与要求：1. 同学需准时到达集合地点，不得迟到，要遵守纪律，听从指挥。2. 参观过程中，需保持安静，不得喧哗、嬉闹，严禁在馆内摄影、录像。3. 注意保持馆内卫生，不乱扔垃圾，不随地吐痰。4. 需积极参与班级团队活动，互相帮助，共同完成预定任务。5. 活动期间，建议同学穿着舒适、保暖的服装和鞋子，以方便参观和活动。

请同学们务必遵守以上规则和要求，确保本次活动顺利进行。如有疑问或需要帮助，请及时联系班主任或班委。祝大家活动愉快，收获满满！

××班班级委员会

××××年××月××日

步骤四 调整格式。使用空格键和回车键调整文字格式，具体文字效果如下。

亲爱的同学们：

我们将于近期组织一次参观抗战纪念馆的班级活动，以缅怀历史，追忆先烈，学习抗战精神，增强班级凝聚力。现将相关事宜通知如下。

一、活动对象：全班同学及任课教师。

二、活动内容

1. 参观抗战纪念馆，了解抗战历史和先烈事迹。

2. 举行主题班会，分享参观心得和感悟。

3. 组织团队活动，增进同学间友谊和团结协作能力。

三、活动时间：××××年××月××日（星期×）下午2：00集合，2：30出发，预计5：00返回。

四、活动地点：抗战纪念馆（具体地址见附件）。

五、活动规则与要求

1.同学需准时到达集合地点，不得迟到，要遵守纪律，听从指挥。

2.参观过程中，需保持安静，不得喧哗、嬉闹，严禁在馆内摄影、录像。

3.注意保持馆内卫生，不乱扔垃圾，不随地吐痰。

4.需积极参与班级团队活动，互相帮助，共同完成预定任务。

5.活动期间，建议同学穿着舒适、保暖的服装和鞋子，以方便参观和活动。

请同学们务必遵守以上规则和要求，确保本次活动顺利进行。如有疑问或需要帮助，请及时联系班主任或班长。

祝大家活动愉快，收获满满！

××班班级委员会

××××年××月××日

步骤五 打印文档。保存文档，单击"打印"命令，根据使用数量需求打印文档。

任务评价与反思

序号	评价内容	评价标准	配分	评分记录		
				学生互评	组间互评	教师评价
1	操作过程	能够准确、熟练地完成操作步骤	40			
2	制作效果	通知内容完整，制作具有创新性	40			
3	沟通交流	能够积极、有效地与教师、小组成员沟通交流	20			
		总分	100			
任务反思						

任务二　制作产品说明书
——图形、图像编辑与文字排版

任务描述

利用WPS文字应用制作一份手持风扇产品说明书。要求文档信息完整，图文并茂，排版美观得体。

任务分析

产品说明书是对产品进行详细阐述和全面介绍的书面文件。它通常由图文构成，包括产品简介、产品特点、使用方法、操作注意事项等方面的信息。

编制产品说明书时要兼顾文字和图像的编辑排版效果，大篇幅的产品说明书需要设置页码。使用WPS文字应用的图形、图像编辑与文字排版功能可以满足相关任务制作要求。

任务知识

一、图形、图像的插入与编辑

1. 插入图片

制作文字文档时，可以在适当的位置插入一些图片作为补充说明，具体方法如下。

选择"插入">"图片"（图1-2-1），打开"插入图片"对话框。选中要插入的图片，单击"打开"按钮，即可将所选图片插入文字文档中。

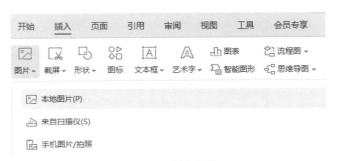

图1-2-1　插入图片

2. 插入图形

选择"插入">"形状"，将弹出如图1-2-2所示的下拉列表，其中包括

"线条""矩形""基本形状""箭头总汇""公式形状""流程图""星与旗帜""标注"等几大类。从下拉列表中选择要绘制的图形，在需要绘制图形的开始位置按住鼠标左键并拖动到结束位置，然后释放鼠标按键，即可绘制出基本图形，如图1-2-3所示。

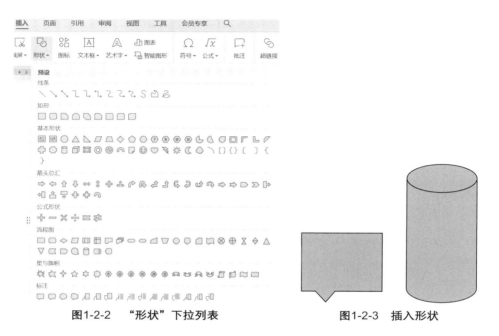

图1-2-2 "形状"下拉列表　　图1-2-3 插入形状

3. 插入条形码和二维码

条形码和二维码都是用于编码和识别物品信息的技术。条形码多用于编码信息展示，二维码可以用于展示视频、富文本、网址、电话等附加信息。使用WPS文字应用可以方便地制作条形码和二维码，目前该功能归类在"插入"选项卡的"更多素材"中。选择后会出现如图1-2-4、图1-2-5所示界面。填充文字信息即可定制相应的条形码和二维码。

图1-2-4 "插入条形码"界面

图1-2-5 "插入二维码"界面

4. 编辑图形图像

（1）**选择图形图像** 编辑图形图像前，首先要选择该对象。如果要选择一个对象并用鼠标单击该对象，此时，该对象周围会出现缩放关键点，如图1-2-6所示。如果要选择多个对象，使用鼠标左键配合Shift键即可完成选择，如图1-2-7所示。

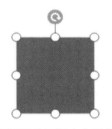 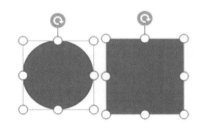

图1-2-6 图形图像周围会出现缩放关键点　　图1-2-7 选择多个对象

（2）**调整对象大小和角度** 选择图形图像对象之后，拖动缩放关键点即可调整对象的大小。如果要保持原图形的比例，拖动拐角上的缩放关键点时按住Shift键。如果要以图形对象中心为基点进行缩放，拖动缩放关键点时按住Ctrl键。用鼠标拖动图片上方的旋转按钮，可以任意旋转图片，配合Shift键可以按15°的倍数进行旋转。

（3）**复制或移动对象** 选定图形图像对象后，按住鼠标左键拖动，在拖动过程中按住Ctrl键，可以复制对象。

（4）**对齐图形图像对象** 选中想对齐的图片，图片上会出现对齐浮动工具，如图1-2-8所示。在浮动工具栏中单击相应对齐方式的按钮即可。也可以选择"图片工具">"对齐"实现各种对齐效果，如图1-2-9所示。

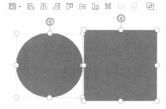

图1-2-8　图片上出现对齐浮动工具　　　图1-2-9　"对齐"按钮位置

（5）**叠放图形图像**　在同一区域绘制多个图形时，后来绘制的图形将覆盖前面的图形。在改变图形的叠放次序时，需要选定要移动的图形对象，若该图形被遮挡在其他图形下面，可以按Tab键来选定该图形对象，如图1-2-10所示。此时，单击"上移"或"下移"按钮，可调整叠放次序，如图1-2-11所示。

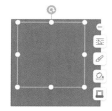

图1-2-10　按Tab键来选定被遮挡对象　　　图1-2-11　"旋转""组合""上移""下移"按钮

（6）**设置图文关系**　将图形图像插入文本后，可以用鼠标左键单击图片，选择"布局选项"调整文字环绕方式，如图1-2-12所示。常见的文字环绕方式包括：嵌入型、四周型环绕、紧密型环绕、穿越型环绕、上下型环绕、衬于文字下方、浮于文字上方等。

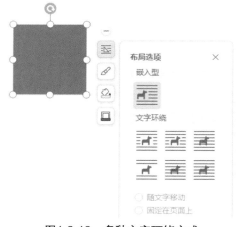

（7）**组合多个对象**　选择要组合的图形图像对象，单击"图片工具"中的"组合"命令，从下拉菜单中选择

图1-2-12　多种文字环绕方式

"组合"命令即可完成图片组合。选择组合后的图形图像对象，再次单击"组合"命令，从下拉菜单中选择"取消组合"命令，即可将多个图形图像对象恢复为之前的状态，如图1-2-13所示。注意：图片使用嵌入型文字环绕方式时，不能进行组合。

图1-2-13　"取消组合"按钮

（8）裁剪图片（图像）　单击文档中要裁剪的图片，选择"图片工具">"裁剪"或点击浮动工具的"裁剪"图标，如图1-2-14、图1-2-15所示。图片的四周会出现黑色控制线段。将鼠标指向图片上的控制线段，指针会变成黑色的倒立T形，按住鼠标左键拖动即可将鼠标经过的部分裁剪掉。最后单击文档的任意位置，即可完成图片的裁剪操作。

图1-2-14　选择"图片工具">"裁剪"　　图1-2-15　点击浮动工具的"裁剪"图标

如果要使图片在文档中显示为其他形状，而不是默认的矩形，单击要裁剪的图片，切换到"图片工具"选项卡，在"大小和位置"选项组中单击"裁剪"按钮的箭头按钮，从下拉列表中选择所需的形状。需要注意的是，裁剪功能仅对图片（图像）有效，不可应用于WPS提供的形状、图标、图表等。

（9）调整图片（图像）颜色样式　WPS文字应用提供了众多设置选项以满足用户对图片（图像）设置的需求，用户可以使用"图片工具"选项卡中的按钮对图片透明度、色彩、亮度、图片轮廓等颜色样式进行调整，如图1-2-16所示。用户也可通过界面右侧属性面板调整图片效果，如图1-2-17所示。

图1-2-16　调整颜色样式的相关按钮

图1-2-17　界面右侧属性面板

二、文字排版

1. 设置段落格式

段落格式设置的形式主要包括：对齐方式、缩进、间距边框和底纹、分栏、首字下沉。

（1）**对齐方式** 如图1-2-18所示，"开始"选项卡中的对齐方式从左至右依次是，左对齐、居中对齐、右对齐、两端对齐、分散对齐5种。选中需要设置的段落，然后单击段落选项卡中相对应的选项即可。对齐效果如表1-2-1所示。

图1-2-18 对齐方式

如要对文字段落进行系统调整，可以选中需要设置的段落，按鼠标右键单击，在弹出的快捷菜单中选择"段落"，打开"段落"对话框进行设置，在"常规"栏内修改对齐方式，如图1-2-19所示。

表1-2-1 对齐方式与对齐效果

对齐方式	对齐效果
左对齐	雄兔脚扑朔，雌兔眼迷离； 双兔傍地走，安能辨我是雄雌？
居中对齐	雄兔脚扑朔，雌兔眼迷离； 双兔傍地走，安能辨我是雄雌？
右对齐	雄兔脚扑朔，雌兔眼迷离； 双兔傍地走，安能辨我是雄雌？
两端对齐	雄兔脚扑朔，雌兔眼迷离； 双兔傍地走，安能辨我是雄雌？
分散对齐	雄 兔 脚 扑 朔 ， 雌 兔 眼 迷 离 ； 双 兔 傍 地 走 ， 安 能 辨 我 是 雄 雌 ？

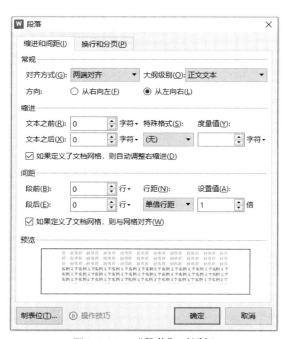

图1-2-19 "段落"对话框

（2）**缩进** 段落缩进格式可分为左缩进、右缩进、首行缩进和悬挂缩进4种方式。如图1-2-19、图1-2-20所示，在"文本之前"选项可以设置段落左缩进，在"文本之后"选项可以设置段落右缩进，在当前图片"无"选项可以设置段落首行缩进和悬挂缩进。

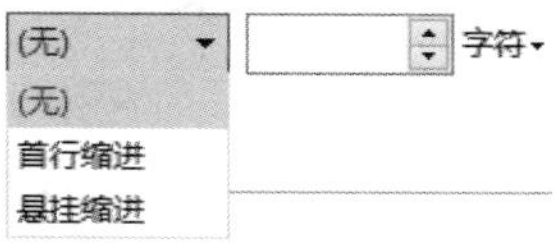

图1-2-20　首行缩进和悬挂缩进

（3）**间距** 间距分为段前、段后、行距。段前间距用来设置被选段落与上一段文字的间距关系。段后间距用来设置被选段落与下一段文字的间距关系。行距用来设置被选段落自身每一行的间隔距离。

（4）**边框和底纹** 选择"开始">"边框和底纹"，会弹出"边框和底纹"对话框，如图1-2-21所示。在此对话框中可以对文字段落进行边框、页面边框、底纹的精确设置。

图1-2-21　"边框和底纹"对话框

边框： 边框的设置项包括线型、颜色、粗细、应用对象等参数。设置效果如图1-2-22所示。

段落边框：
故人西辞黄鹤楼，烟花三月下扬州。

文字边框：
故人西辞黄鹤楼，烟花三月下扬州。

图1-2-22　边框设置效果

页面边框：设置页面边框与边框的操作方法完全相同，只是边框应用于文字或者段落，页面边框应用于整篇文档或者节。

底纹：与边框的操作方法相似，打开"边框和底纹"对话框，单击"底纹"选项卡，会出现如图1-2-23所示界面。利用"填充""样式""颜色"可以对"底纹"进行设置。

图1-2-23 "底纹"选项卡

（5）**分栏** 默认情况下，文档只有一栏，若想将文档分多栏，可以利用分栏进行设置。选中需要设置分栏效果的文档段落，单击"页面"选项卡下的"分栏"下拉按钮，在弹出的选项栏中选择需要的栏数即可，如图1-2-24所示。

图1-2-24 "分栏"选项栏

若想分为更多栏数，点击"更多分栏"会出现"分栏"面板，对"栏数""宽度和间距"等选项进行设置后，单击"确定"按钮即可，如图1-2-25所示。

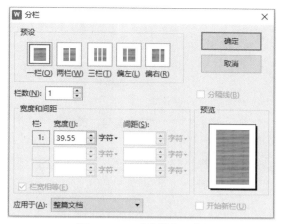

图1-2-25 "分栏"面板

（6）首字下沉　首字下沉是一种西文的使用习惯，主要应用在字数较多的文章，用于标注章节。将光标定位到需要设置首字下沉效果的段落范围内，选择"插入"＞"首字下沉"，会弹出"首字下沉"对话框，如图1-2-26所示。

图1-2-26 "首字下沉"对话框

在"首字下沉"对话框中，选择"下沉"或者"悬挂"样式，然后完成"字体""下沉行数""距正文"的参数后，单击"确定"按钮即可。

2. 添加项目符号及编号

选中需要添加项目符号的段落，选择"开始"＞"项目符号"或"编号"，如图1-2-27、图1-2-28所示。

在弹出的面板上单击即可为选中的段落添加项目符号或编号。效果如表1-2-2所示。

图1-2-27 "项目符号"面板

图1-2-28 "编号"面板

表1-2-2 添加项目符号和编号的文字效果

添加类别	添加效果
项目符号	◆ 明确写作目的和读者 ◆ 选择合适的文体和风格 ◆ 组织好文章结构
编号	一、明确写作目的和读者 二、选择合适的文体和风格 三、组织好文章结构

3. 设置页眉、页脚

页眉与页脚作为文档的辅助内容，在文档中的作用非常重要。页眉是指页面顶部区域，通常显示文档名、章节标题等信息。页脚是页面的底部区域，通常用于显示文档页码。

（1）**编辑页眉和页脚** 选择"插入"＞"页眉页脚"，进入页眉及页脚的编辑状态。此时在功能区中自动生成了一个"页眉页脚"选项卡，可以在选项卡内修改页眉及页脚参数，并在页眉位置填充需要的文字内容，如图1-2-29所示。编辑好页眉后，单击"页眉页脚"选项卡下的"页眉页脚切换"按钮，切换至页脚编辑区域，用相同的方法编辑页脚内容。

另外，在页眉和页脚处点击鼠标右键，也能进入"页眉页脚"选项卡，并对页眉和页脚进行直接编辑。

编辑完成后，单击"关闭"按钮即可。编辑页眉和页脚内文字时，可以使用"开始"选项卡相关功能，对文字进行编辑排版，如图1-2-30所示。

图1-2-29 "页眉页脚"选项卡

图1-2-30 编辑页眉和页脚内文字

若想设置奇偶页不同或者首页不同的页眉及页脚，单击"页眉页脚"选项卡下的"页眉页脚选项"，弹出"页眉/页脚设置"对话框，此时勾选"首页不同"或者"奇偶页不同"，然后单击"确定"即可进入页眉及页脚编辑状态进行编辑，如图1-2-31所示。

图1-2-31 "页眉/页脚设置"对话框

（2）**编辑页码** 页码也可以作为页眉或者页脚的内容。在页眉页脚的编辑区域内单击"插入页码"按钮，会弹出关于页码设置的对话框，在对话框中设置页码样式、位置、应用范围后，单击"确定"按钮即可完成页码设置，如图1-2-32所示。也可以在"页眉页脚"选项卡下的"页码"命令中设置页码。

图1-2-32 "插入页码"对话框

任务实施

步骤一 梳理文字内容。根据任务要求收集手持风扇产品说明书文字内容和相关版式。

微课

步骤二 创建文件。新建空白文档,并保存文件在一个固定路径。

步骤三 编辑文字。将文档分为产品简介、产品特点、使用方法、操作注意事项4个板块,并进行文字填充。将"产品说明书"设置为黑体、小二号、加粗;板块标题设置为宋体、四号、加粗;普通文字设置为宋体、四号,如图1-2-33所示。

图1-2-33 编辑文字后局部文字

步骤四 导入图片。将素材图片放置在对应文字段落下方,并通过裁剪、缩放功能调整图片大小,如图1-2-34所示。可以根据实际需求为产品编号FM15A-×××-××××××生成条形码,并放置在文档末尾处。

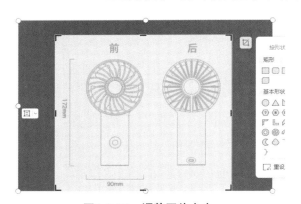

图1-2-34 调整图片大小

步骤五 图文排版。调整图片文字的排版方式。"产品说明书"居中,文字首行缩进,将部分图片的文字环绕方式设置为"四周型环绕",如图1-2-35所示。为"操作注意事项"段落文字添加项目符号,如图1-2-36所示。

产品说明书

一、产品简介

本说明书旨在向用户提供××牌手持风扇的使用指南和相关信息，以帮助用户充分了解手持风扇的功能和使用方法。手持风扇是一种小巧轻便的电子产品，采用优质材料制作而成，具有时尚的外观和舒适的手感。它采用无噪声电机和柔和的风扇叶片设计，可提供稳定而令人舒适的使用体验，是您户外活动、家居生活和办公场所的理想选择。

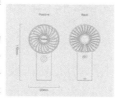

四、操作注意事项

- 使用时间：使用手持风扇时，建议每次使用时间不超过2小时，以防止电机过热而受到损害。
- 充电方法：请使用原装充电器或指定授权的充电器进行充电，以避免对手持风扇造成损害。
- 清洗维护：清洁手持风扇时，请务必关闭风扇并断开电源，以避免电击或触电危险。
- 安全警示：请勿将手持风扇指向自己或他人，以避免受伤。

图1-2-35　将部分图片的文字环绕方式设置为"四周环绕型"　　　图1-2-36　添加项目符号

步骤六　设置页眉页脚。可以将产品商标添加到页眉，并在页脚设置居中页码，如图1-2-37所示。

- 安全警示：请勿将手持风扇指向自己或他人，以避免受伤。

3

图1-2-37　设置页码

步骤七　保存文档。检查并保存文档，完成产品说明书任务制作。

任务评价与反思

序号	评价内容	评价标准	配分	评分记录		
				学生互评	组间互评	教师评价
1	操作过程	能够准确、熟练地完成操作步骤	40			
2	制作效果	说明书内容完整，制作具有创新性	40			
3	沟通交流	能够积极、有效地与教师、小组成员沟通交流	20			
		总分	100			
任务反思						

任务三 制作班级活动简报
——表格的编辑与云文档功能

任务描述

利用WPS文字应用制作一份班级植树活动简报。要求文档信息完整，图文并茂，排版美观得体，使用表格归纳小组植树信息，所有参与人员都可以对文档进行云编辑。

任务分析

活动简报是指对一个活动进行简明扼要介绍的报告，通常包括活动的目的、内容、时间、地点、参与人员以及活动的效果等。

使用WPS文字应用的表格功能可以使文档数据信息更加清晰、有序，易于理解和阅读。

任务知识

一、文字功能的表格

WPS文字应用提供了强大的表格处理功能，包括创建表格、编辑表格以及对表格中的数据进行排序和计算等。本任务知识模块对创建、编辑表格做重点介绍，对表格中的数据进行排序和计算详见模块二。

1. 创建、删除表格

（1）**创建表格** 将插入点置于目标位置，选择"插入">"表格"，在弹出的下拉菜单中用鼠标在示意表格中拖动，以选择表格的行数和列数，选定所需行、列数后，释放鼠标按键即可，如图1-3-1所示。

图1-3-1 创建表格

（2）**删除表格** 有两种方法。

方法一，当表格不再被需要时，单击表格的任意单元格，选择"表格工具">"删除">"表格"，即可完成表格删除，如图1-3-2所示。

方法二，将鼠标放在表格移动控制点上，当指针变为带双向十字箭头的形状时，点击鼠标右键，在弹出的快捷菜单中选择"删除表格"命令，也可以将表格删除，如图1-3-3所示。

 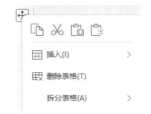

图1-3-2 选择"表格工具">"删除">"表格"　　图1-3-3 在十字箭头处点击鼠标右键

2. 编辑表格

新表格创建后,可以切换到"表格样式"选项卡,使用"边框"菜单提供的功能编辑表格。

(1)**选择表格内容**　表格的编辑操作遵循"先选择,后操作"的原则,选择表格对象的方法详见表1-3-1。

表1-3-1　选择表格对象的方法

选取对象		方　法
单元格	一个单元格	方法一,将插入点置于单元格中文字末尾处或空行,单击鼠标左键2次; 方法二,将鼠标移至要选取单元格的左侧,当指针变成右上指向箭头形状时单击
	连续的单元格	按鼠标左键拖动连续单元格即可完成选择
	不连续的单元格	首先选中要选定的第1个单元格,然后按住Ctrl键,依次选定其他区域,最后松开Ctrl键
行	一行	将鼠标移至要选定行的左侧,当指针变成"右上角指向"形状时双击
	连续的多行	将鼠标移至要选定首行的左侧,然后按住鼠标左键向下拖动,直至选中要选定的最后一行松开按键
	不连续的行	选中要选定的首行,然后按住 Ctrl键,依次选中其他待选定的行
列	一列	将鼠标移至要选定列的上方,当指针变成向下箭头形状时单击
	连续的多列	将鼠标移至要选定首列的上方,然后按住鼠标左键向右拖动,直至选中要选定的最后一列松开按键
	不连续的列	选中要选定的首列,然后按住 Ctrl键,依次选中其他待选定的列

单击文档的其他位置,即可取消对表格内容的选取。

(2)**插入单元格**　鼠标右键点击单元格,选择"插入">"单元格">"活动单元格右移"或"活动单元格下移",单击"确定"按钮即可完成单元格插入，如图1-3-4所示。或者鼠标左键点击单元格后，选择"表格工具">"插入">"插入单元格"，也能打开"插入单元格"面板。

图1-3-4 "插入单元格"面板

图1-3-5 插入行和列

（3）**插入行和列** 插入行和列的方法与插入单元格的方法类似。鼠标右键点击基准单元格，从弹出的快捷菜单中选择"插入"，此时会出现关于插入行和列的4个子选项："在左侧插入列""在右侧插入列""在上方插入行""在下方插入行"（图1-3-5），根据实际需求选择即可添加1个单位的行或列。或者鼠标左键点击单元格后，选择"表格工具">"插入"，也能进行插入方式选择。另外，WPS表格边缘设有加号键，点击后即可添加1个单位的行或列，如图1-3-6所示。如果选中多行或列，再进行添加操作，可以一次生成多行或列。

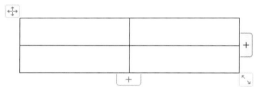

图1-3-6 表格边缘有加号键

（4）**复制粘贴行和列** 选择被复制行或列，然后按Ctrl+C（复制组合键），选择被复制对象，然后按Ctrl+V（粘贴组合键），即可完成复制。

（5）**删除单元格、行、列** 鼠标右键点击单元格，从弹出的快捷菜单中选择"删除单元格"命令。弹出面板包括"右侧单元格左移""下方单元格上移""删除整行""删除整列"4个选项，分别对应单元格、行、列的删除应用，如图1-3-7所示。选定后，单击"确定"按钮即可完成单元格删除。或者鼠标左键点击单元格后，选择"表格工具">"删除">"单元格"，也能打开"删除单元格"面板。

（6）**合并与拆分单元格** 具体如下。

合并单元格： 在WPS文字应用中，合并单元格是指将矩形区域内的多个单元格合并成一个较大的单元格。选择待合并单元格，点击鼠标右键，选择"合并单元格"即可完成合并。也可以选择"表格工具">"合并单元格",完成合并操作。

拆分单元格: 选择要拆分的单元格,点击鼠标右键,选择"拆分单元格"会弹出相关面板,如图1-3-8所示。根据实际需求设置"行数""列数",点击"确定"按钮完成单元格即可拆分。也可以选择"表格工具">"拆分单元格",完成拆分操作。

图1-3-7 "删除单元格"面板

图1-3-8 "拆分单元格"面板

(7)**设置单元格边距和间距** 在WPS文字应用中,单元格边距是指单元格中的内容与边框之间的距离。单元格间距是指单元格和单元格之间的距离。选定整个表格,切换到"表格工具"选项卡,单击"表格属性"按钮,打开"表格属性"对话框,在"表格"选项卡单击"选项"按钮,在打开的"表格选项"对话框中进行设置,如图1-3-9所示。

图1-3-9 表格选项

(8)**设置行高和列宽** 具体如下。

通过鼠标拖动调整: 将鼠标移至两列中间的垂直线上,当指针变成⇔形状时,按住鼠标左键拖动线条,释放鼠标按键,行宽或列宽随之发生改变。

手动指定行高和列宽值：选择要调整的行或列，切换到"表格工具"选项卡，在"表格属性"面板中的"行""列"设置指定高度、宽度数值，即可完成设定。

自动调整行和列：先选择要调整的表格，在"表格工具"选项卡中，点击"自动调整"选项，根据实际需求，从下拉菜单中选择合适的命令即可完成调整，如图1-3-10所示。

（9）**设置表格的边框和底纹**　选定整个表格，切换到"表格样式"选项卡，单击"边框"按钮右侧的箭头，在打开的"边框和底纹"对话框，可以设置表格边框和底纹的样式，设置后，单击"确定"按钮即可，如图1-3-11所示。

图1-3-10　"自动调整"面板

图1-3-11　"边框和底纹"对话框

二、云文档的编辑

利用WPS文字应用在线文档保存和编辑功能可以实现多平台、多人协同办公，这些文档功能被统称为云文档。使用云文档相关功能的前提是账号注册，标题栏右上角圆形窗口提供了账号登录与管理相关功能，如图1-3-12所示。目前WPS提供了多种账号注册登录方式，非常便捷。

图1-3-12　账号登录与管理图标的位置

1. 保存与查找云文档

保存云文档： 文件创建后，就可以保存云文档。选择"保存"或"另存为"，在弹出窗口左上角选择"我的云文档"后点击"保存"按钮，即可完成保存工作，如图1-3-13所示。

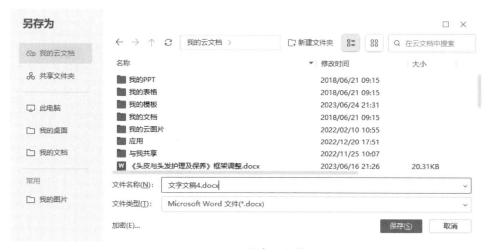

图1-3-13　保存云文档

查找云文档： 选择"文件">"打开"，选择后点击"打开"按钮即可查询调用云文档，云文档的查询调用不受设备限制，方便用户移动办公，如图1-3-14所示。

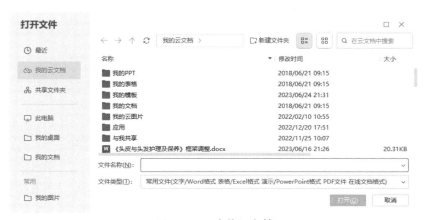

图1-3-14　查找云文档

2. 分享与协作文档

（1）**设置协作功能** 文件创建后，点击功能区"分享"按钮，在弹出面板中激活"与他人一起编辑"，如图1-3-15所示。激活后会出现"上传至云空间"面板，确认文件后，选择"立即上传"，如图1-3-16所示。此时，该文档的"协作"功能就设置完成了，如图1-3-17所示。

图1-3-15 点击"分享"按钮后出现栏目

图1-3-16 "上传至云空间"面板

图1-3-17 完成"协作"功能设置

（2）**分享文档** "协作"功能设置完成后，会出现多种文档分享方式，包括微信、QQ、网址链接、二维码4种分享方式。根据工作需求选择并发送即可多人同时协作一份文档。也可以使用WPS账号，通过"管理协作者"和"添加协作者"进行文档同步编辑。

任务实施

步骤一 梳理文字内容。根据任务要求收集班级活动简报文字内容和相关版式。

步骤二 创建文件。新建空白文档，并保存文件在一个固定路径。

步骤三 编辑文字。将文档分为活动目的、活动内容、活动时间、活动地点、参与人员、活动效果6个板

微课

块，并进行文字编辑。根据任务要求在活动效果板块内编制表格，如表1-3-2所示。

表1-3-2　小组植树区域数量统计表

小组名	植树区域	植树数量
星火组		
奋进组		
诚信组		
勇敢组		

步骤四　导入图片。将素材图片放置在对应文字段落下方，并通过裁剪、缩放功能调整图片大小。

步骤五　图文排版。调整图片文字的排版方式。如果文档页数不多，可以不设置页眉页脚。

步骤六　分享文档。保存备份文档，根据班级沟通机制，选择文档共享方式。要求小组负责人协作完成植树区域数量统计。

任务评价与反思

序号	评价内容	评价标准	配分	评分记录		
				学生互评	组间互评	教师评价
\multicolumn{4}{l}{"制作班级活动简报"任务评价}			
1	操作过程	能够准确、熟练地完成操作步骤	40			
2	制作效果	简报内容完整，制作具有创新性	40			
3	沟通交流	能够积极、有效地与教师、小组成员沟通交流	20			
	总分		100			
任务反思						

知识巩固

一、选择题

1. 在WPS文字工作界面中,负责文本内容编辑和呈现的主要区域是( )

   A. 功能区　　　　B. 编辑区　　　　C. 任务窗格　　　　D. 状态栏

2. 新建WPS文字文档的方法包括( )

   A. 打开WPS后选择"新建">"文字",新建一个空白文档

   B. 单击"标题栏"上的"+"按钮,然后单击"Office文档"下的"文字"按钮,新建一个空白文档

   C. 单击"文件"标签中的"新建"按钮,然后单击"空白文档"按钮,新建一个空白文档

   D. 使用快捷键Ctrl+N,新建一个空白文档

3. 保存WPS文字文档的方法包括( )

   A. 新建文档后,选择"文件">"保存"命令,弹出"另存为"对话框。选择存储路径,输入文件名,选择文件类型,单击"保存"按钮保存文件

   B. 单击"快速访问工具栏"中的"保存"按钮,打开"另存文件"对话框进行保存

   C. 使用快捷键Ctrl+S,打开"另存为"对话框进行保存

   D. 文件保存后,选择"文件">"另存为"命令,选择文件类型,单击"保存"按钮保存文件。这种保存方式可以保存当前内容,同时又不替换原来的内容

4. 在WPS文字应用中,移动文本的方法包括( )

   A. 选中需要移动的文本对象,单击鼠标右键,在弹出的快速菜单中单击"剪切"按钮或者使用快捷键Ctrl+X,然后定位光标到需要移动文本内容的位置,单击"粘贴"或者使用快捷键Ctrl+V即可

   B. 选中需要移动的文本对象,单击鼠标右键,在弹出的快速菜单中单击"剪切"按钮或者使用快捷键Ctrl+N,然后定位光标到需要移动文本内容的位置,单击"粘贴"或者使用快捷键Ctrl+P即可

C. 选中需要移动的文本对象，将选中文本直接拖到要移动的位置处即可

D. 选中需要复制的文本对象，单击鼠标右键，在弹出的快速菜单中单击"复制"按钮或者使用快捷键Ctrl+C，然后定位光标到需要复制文本内容的位置，单击"粘贴"或者使用快捷键Ctrl+V即可

5. 在WPS文字应用中，选择一个单元格的方法包括（　　）

A. 将插入点置于单元格中文字末尾处或空行，单击鼠标左键1次

B. 将插入点置于单元格中文字末尾处或空行，单击鼠标左键2次

C. 将鼠标移至要选取单元格的右侧，当指针变成右上指向箭头形状时单击

D. 将鼠标移至要选取单元格的左侧，当指针变成右上指向箭头形状时单击

二、判断题

1. 二维码都是用于编码和识别物品信息的技术。可以用于展示视频、富文本、网址、电话等附加信息。在WPS软件环境中制作使用二维码需要借助外部软件。（　　）

2. 页眉与页脚作为文档的辅助内容。页眉是指页面顶部区域，通常显示文档名、章节标题等信息，页脚是页面的底部区域，通常用于显示文档页码。（　　）

3. 利用WPS在线文档保存和编辑功能可以实现多平台、多人协同办公。（　　）

4. 共享WPS文档时，协作功能设置完成后，会出现多种文档共享方式，包括蓝牙、网址链接、二维码3种。（　　）

5. 首字下沉主要是用来对字数较多的文章标示章节的，是一种西文的使用习惯。（　　）

模块二　WPS表格应用

WPS表格应用是一款功能强大的电子表格处理应用，具有较强的数据综合管理与分析处理能力，可以用于管理账务、制作报表、分析数据、统计图表等，被广泛应用于财务、统计、经济分析、管理等领域。本模块通过典型任务介绍WPS表格应用的基本操作，包括编辑数据与设置格式的方法和技巧，公式和函数的使用，图表的制作与美化，数据的排序、筛选与分类汇总，以及数据透视表制作等内容。

学习目标

素养目标

具有认真细致的工作态度；

具有办公软件的规范操作意识。

知识目标

熟悉WPS表格应用的操作界面和组成结构；

掌握表格的基本数据处理方法；

掌握利用WPS制作、保存、打印表格的工作方法；

掌握利用WPS表格应用对数据进行计算、汇总、排序、筛选、打印等的方法；

掌握利用WPS表格应用创建统计表、财务报表、时间表、销售报表、收支表、采购表等的方法；

掌握利用WPS表格应用创建数据透视表、透视图等的方法。

能力目标

能够独立完成常见办公、学习相关电子表格制作；

能够使用WPS表格应用处理常见办公、学习相关数据。

任务一　制作学生信息统计表
——格式页面设置与表格的创建、输出

任务描述

制作一份学生信息统计表，统计学生姓名、性别、出生日期、身份证号、团员否、本人电话号、家长姓名、家庭住址、初中学校等基本信息，并将文件横排版输出打印。要求数据准确，表格整齐有序，文件打印完整。

任务分析

人员信息表格主要应用于单位组织的人员管理。利用WPS表格应用的"页面""视图""审阅"等相关功能可以快速高效地制作出数据清晰明了的学生信息统计表。

任务知识

一、认识WPS表格应用界面

WPS表格应用工作界面如图2-1-1所示，主要包括标题栏、功能区（菜单栏、工具栏）、工作表等，行标、列标、单元格是组成工作表的重要元素。其中标题栏、功能区、任务窗格、状态栏的布局和使用原理与WPS文字应用的布局和使用原理相似，在此不做重复介绍。

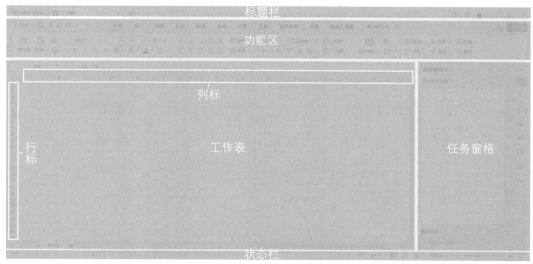

图2-1-1　WPS表格工作界面

工作表由单元格按照行列方式排列组成。一个工作表由若干个单元格构成，它是工作簿的基本组成单位，默认名称为"sheet1"，依次为"sheet2，sheet3，…"。行和列交叉形成的格子称为单元格。

行标： 由阿拉伯数字标识，从1开始每个数字代表一行。

列标： 由字母标识，从A开始每个字母代表一列。

二、表格的新建与保存

1. 新建工作簿

打开WPS Office软件，单击"新建"按钮打开WPS新建界面，选择标签栏中的"表格"选项，单击"空白表格"，完成工作簿的创建，如图2-1-2、图2-1-3所示。

图2-1-2　新建工作簿（1）

图2-1-3　新建工作簿（2）

2. 保存工作簿

单击快速访问工具栏上的"保存"按钮，或者按组合键Ctrl+S，弹出"另存文件"对话框，选择文件保存的位置，输入文件名称和文件类型，如图2-1-4所示。WPS表格文件扩展名为".et"。

图2-1-4　保存工作簿

三、表格的数据类型

在WPS表格中，常见的数据类型有文本、数值、日期和时间等，不同的数据类型显示方式不同。

1. 文本型数据

文本型数据主要包括文字、英文单词和编号等。文本型数据不能参与数值计算，但可作为函数参数使用。文本型数据的默认对齐方式为左对齐。

2. 数值型数据

数值型数据是代表数量的数字形式。数值可以是正数，也可以是负数，共同的特点是都可以用于数值计算，如加减、求和、求平均值等。除了数字之外，还有一些特殊的符号也被理解为数值，如百分号（%），货币符号（$）、科学计数符号（E）等。数值型数据默认的对齐方式为右对齐。

3. 日期型数据

日期型数据是指包含日期信息的数据类型。在单元格中，日期型数据可以包含任何日期信息，例如年、月、日等。当输入日期型数据时，Excel会根据数据的格式将其显示为相应的日期类型。

4. 时间型数据

时间型数据是指包含时间信息的数据类型。在单元格中，时间型数据可以包含任何时间信息，例如小时、分钟、秒等。当输入时间型数据时，Excel会根据数据的格式将其显示为相应的时间类型。

5. 布尔型数据

布尔型数据是指包含逻辑值的数据类型。在单元格中，布尔型数据可以包含两个值：TRUE和FALSE。当输入布尔型数据时，Excel会将其显示为相应的逻辑值。

四、表格数据的输入

在使用工作表处理数据之前，需要先将要编辑处理的数据录入到工作表中，再进一步进行操作。在原始数据录入过程中要保证其准确性，之后的运算、统计及分析均以此为依据。

1. 数据录入

录入的数据被放到表中的每个单元格内。在录入之前，先单击选定要存放数据的单元格，然后向该单元格内录入数据。向单元格中录入数据的同时，名称框中显示该单元格的标识，而录入的数据也会出现在编辑框中。也可以通过编辑框向名称框中所标识的单元格录入数据，效果是相同的。被选中的单元格正处于编辑状态，称为活动单元格，可以进行数据的录入、修改、删除。

录入单元格内的数据可以是文字、符号、数字、日期、时间等，不同类型的数据，工作表会自动识别，加以区分。

2. 自动填充

在向工作表中录入数据时，如果录入的数据具有一定的规律性，如在一行或一列单元格中录入相同的数据，或录入如1、2、3等或星期一、星期二等连续变化的系列数据时，可以使用WPS表格应用提供的自动填充功能，减轻录入数据的工作量，具体操作如下。

步骤一 选定某个单元格，录入数据。

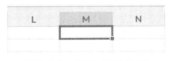

图2-1-5 填充柄的位置

步骤二 单击该单元格，可以看到单元格的粗边框右下角有一个小方块，如图2-1-5所示，称为填充柄。将鼠标移动到填充柄上，鼠标的指针形状会由空心的十字形变为黑色的十字形。

步骤三 按住鼠标左键，拖动填充柄沿行或列的方向到要填充数据的单元格区域，松开鼠标就会看到数据连续填充效果和"自动填充选项"。通过"自动填充选项"可以选择不同的填充效果，如图2-1-6所示。

图2-1-6 完成自动填充

3. 序列填充

在选定的单元格中输入各种数据序列如等差数列、等比数列时，可以使用WPS表格应用提供的序列填充功能。其方法为：先输入两个单元格的内容用于创建序列的模式，再拖动填充柄。例如，要输入步长为5的等差数列1，6，11，16，21。具体操作如下。

步骤一 选取一个单元格输入初始值"1"。

步骤二 在相邻的下一个单元格中输入"6"（因为步长为5）。

步骤三 选取前面输入了数据的两个单元格，将鼠标指针指向填充柄，然后按住鼠标左键拖动，松开鼠标左键后便可以得到结果。也可以选取一个单元格输入初始值"1"，然后拖动鼠标选取该单元格及要填充的区域，选择"开始">"填充">"序列"，在打开的"序列"对话框中的"步长值"文本框中输入"5"，单击"确定"按钮后便可以得到结果，如图2-1-7、图2-1-8所示。

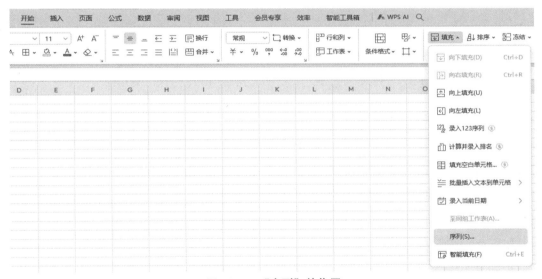

图2-1-7 "序列"的位置

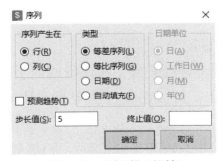

图2-1-8 "序列"对话框

五、表格的行、列格式设置

1. 表格行高、列宽的设置

表格的行高、列宽有直接和定量两种设置方法。下面以"列"的操作为例，说明具体操作步骤。"行"的操作与列相似。

方法一，直接设置。将鼠标移至列边界线，当鼠标指针变为十字形状时，按住左键向左右拖动鼠标即可调整列宽。

方法二，定量设置。将鼠标移至指定列，或选中若干列，鼠标右击，弹出如图2-1-9所示界面，选择"列宽"，如图2-1-10所示，通过"列宽"可以定量设置列宽数值，还可以根据要求选择定量单位。

图2-1-9 "列宽"的位置

图2-1-10 "列宽"对话框

2. 表格行或列的锁定

对于一个行列数很多的表格，当显示后面数据时，常因屏幕尺寸所限，无法同时看到表格初始位置的标题，不能了解数据的具体含义。为此，WPS表格应用"视图"功能区提供了行和列的锁定功能。当锁定了某行或某列后，被锁定的行列将停留在屏幕上不参与滚动。如要将该表的前两行锁定，则选取第3行，然后选择"视图">"冻结窗格"，在弹出的下拉菜单中选择"冻结至第2行"命令即可，如图2-1-11所示。

图2-1-11 冻结窗格

3. 行或列的插入与删除

插入行或列。选定某行或某列，在该行或列上右击，在弹出的快捷菜单中选择"插入"命令，可以在该行的上方或该列的左侧插入一行或一列，如图2-1-12所示。

删除行或列。选定要删除的某行或列，在该行或列上右击，在弹出的快捷菜单中选择"删除"命令，则该行或列就会被删除，如图2-1-13所示。

图2-1-12　插入行或列　　　　图2-1-13　删除行或列

4. 单元格合并

"开始"功能区内的"合并"功能可以将两个或多个单元格合并为一个单元格。在WPS表格应用中，这是一个常用的功能。如图2-1-14所示，打开"合并"选项会出现以下几种合并形式。

合并居中：将多个单元格内容合并至一个单元格中，保留左上角单元格中的数据，并居中显示，它的快捷键是Ctrl + M组合键。

合并单元格：将多个单元格内容合并至一个单元格中，保留左上角单元格中的数据，但不居中显示。

合并相同单元格：所选单元格区域中如果有数据相同的单元格，则自动合并，仅保留一个数据。

合并内容：合并选中单元格区域中的内容到一个单元格，保留全部数据。

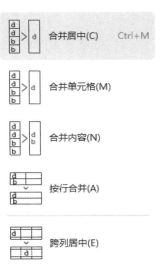

图2-1-14　合并单元格的形式

六、表格内容的常规设置

单元格格式的设置决定了工作表中数据的显示方式及输出方式。在进行格式设置时，先选定要进行格式设置的单元格区域。常规设置区域如图2-1-15所示。

图2-1-15　表格的常规设置区域

1. 设置数字格式

输入到工作表中的数据有多种类型。通过设置单元格的数字格式选项，可以区分该单元格内的数据属于何种类型，方便管理操作。

2. 设置对齐

在"单元格格式"对话框中选择"对齐"相关选项，可以对单元格内数据的显示方式进行设置，其中包括：

水平对齐： 设定单元格内数据的水平对齐显示方式，可选项有常规、靠左（缩进）、居中、靠右（缩进）、填充、两端对齐、跨列居中和分散对齐（缩进）。

垂直对齐： 设定单元格内数据的垂直对齐显示方式，可选项有靠上、居中、靠下、两端对齐和分散对齐。

（文本）方向： 设定单元格内数据的旋转显示方向，默认为水平方向，可以通过输入角度来调整数据的显示方向。

文本控制： 设定当录入数据超出单元格长度显示不下时，是否要自动换行显示或缩小字体填充，是否需要合并单元格、增加缩进量等。

3. 设置字体

在"字体"选项卡中可以对所选单元格中文字的字体、字形、字号、下划线、字体颜色、特殊效果进行设置。

4. 设置边框

可以使用"边框"选项卡来设置单元格的边框线条和边框颜色。

七、表格的密码保护

WPS表格应用提供了密码保护功能，以防止工作簿、工作表内容被意外更改。设置密码后，表格展示功能不受影响，只有通过密码输入才能更改表格数据、结构。

1. 保护工作表

选择"审阅">"保护工作表"，在弹出面板输入密码即可，如图2-1-16所示。

2. 保护工作簿

可以通过设置密码保护工作簿的结构不被更改，如删除、移动、添加工作表等。选择"审阅">"保护工作簿"，在弹出面板输入密码即可，如图2-1-17所示。

图2-1-16 用户权限设置

图2-1-17 工作簿密码设置

八、表格的打印设置

打印表格前可以通过"页面"功能区对表格进行页面设置，常用的设置选项包括"打印预览""页边距""纸张方向""纸张大小""打印区域""页眉页脚"等，如图2-1-18所示。

图2-1-18 表格打印相关设置

1. 打印预览

打印预览的作用是在打印表格之前，提供一个可视化的界面，让用户能够查看和评估打印的效果。在快速访问工具栏单击"文件"按钮，在下拉菜单中选择"打印""打印预览"命令，预览打印效果。

如果看不清楚预览效果，可以在预览区域中单击鼠标，此时，预览效果比例放大，可以拖动垂直或水平滚动条来查看工作表的内容。当工作表由多页组成时，可以单击">"（下一页）按钮，预览其他页面，如图2-1-19所示。

图2-1-19 ">"(下一页)按钮位置

如果对预览效果不满意，可以单击"页边距"按钮，显示指示边距的虚线，然后将鼠标移到这些虚线上，对其进行拖动以调整表格到四周的距离。

2. 设置纸张大小

选择"页面">"纸张大小",从下拉菜单中选择所需的纸张,如图2-1-20所示。

如果要自定义纸张大小,选择"其他纸张大小"命令,可以打开"页面设置"对话框,如图2-1-21所示。通常情况下,采用100%的比例打印。选中"调整为"单选按钮时,从下拉列表中选择"其他设置",可以在"页宽"和"页高"微调框中输入具体的数值。

在"页面设置"对话框中,可以在"纸张大小"下拉列表框中指定打印纸张的类型,在"打印质量"下拉列表框中指定当前文件的打印质量,在"起始页码"文本框中设置开始打印的页码。

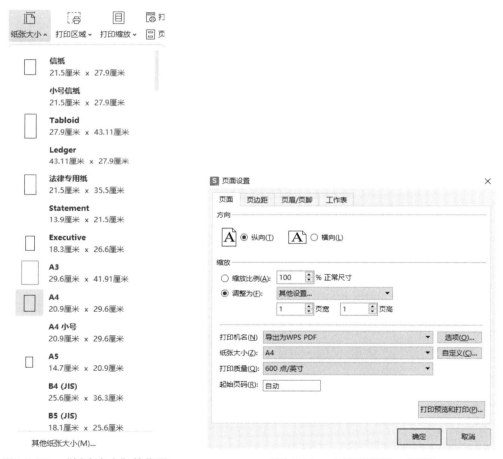

图2-1-20 "纸张大小"的位置　　图2-1-21 "页面设置"对话框

3. 设置纸张方向

选择"页面">"纸张方向",从下拉菜单中选择纸张方向,纸张的方向分为纵向与横向两种。

4. 页边距设置

选择"页面">"页边距",从下拉菜单中选择页边距类型,如图2-1-22所示。如需要自定义页边距,选择"自定义页边距"命令,打开"页面设置"对话框,然后切换到"页边距"选项卡,在"上""下""左""右"微调框中调整打印数据与页边缘之间的距离。在"页眉"和"页脚"微调框中输入数值来设置页眉和页脚距离纸张上边缘、下边缘的距离,如图2-1-23所示。

图2-1-22 "页边距"的位置

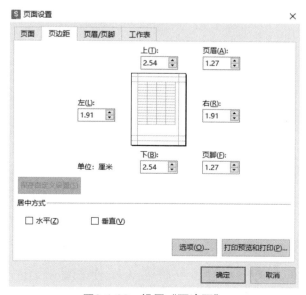

图2-1-23 设置"页边距"

5. 设置打印区域

默认情况下，打印工作表时会将整个工作表全部打印输出。如果要打印部分区域，选择"页面">"打印区域"，从下拉菜单中选择"设置打印区域"即可，如图2-1-24所示。

图2-1-24　"设置打印区域"的位置

6. 设置页眉页脚

页眉、页脚可以提供文档的基本信息，如标题、作者、页码等，使读者能够快速定位和识别文档内容。还可以用于保持文档的一致性，特别是在多页文档中，使每一页都具有相同的格式和布局。具体操作如下。

选择"页面">"页眉页脚"，会出现如图2-1-25所示对话框。

图2-1-25　设置页眉页脚

单击"自定义页眉"按钮，可以在页眉中插入文本、页码、页数、当前日期、当前时间、文件路径、文件名、工作表名、图片并设置图片格式等，如图2-1-26所示。

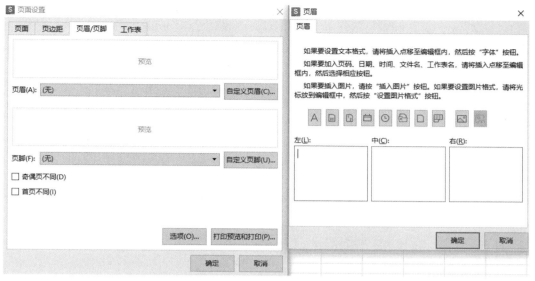

图2-1-26　设置"页眉"

如果要使工作表奇、偶页的页眉、页脚不同,要勾选"奇偶页不同",然后单击"自定义页眉"或"自定义页脚"按钮,打开"页眉"或"页脚"对话框,在奇偶页的页眉、页脚位置输入相应的内容,如图2-1-27所示。

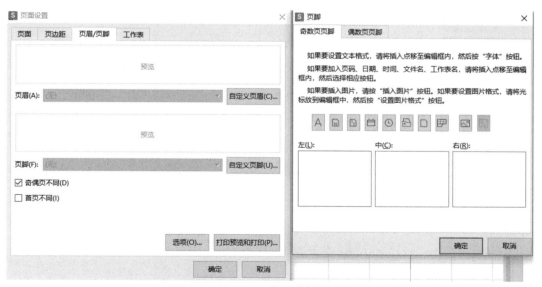

图2-1-27　设置奇偶页

7. 打印表格

如图2-1-28所示,WPS表格应用的"打印"对话框设置与WPS文字类似,不同的是,WPS表格应用重视局部区域的打印设置。

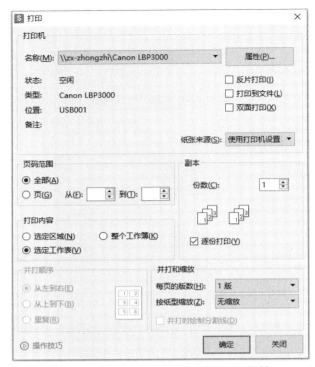

图2-1-28 WPS表格应用的"打印"对话框

任务实施

步骤一 收集信息内容。根据任务要求收集学生信息。

步骤二 新建学生信息统计表。新建空白表格,并保存文件在一个固定路径,输入文件名称为"2019级计算机2班学生信息统计表"。

步骤三 输入表格数据。将本班同学的基本信息,如姓名、性别、出生日期、身份证号、团员否、本人电话号、家长姓名、家庭住址、初中学校等数据录入表中的单元格内。

步骤四 设置表格行、列格式。在表格的第一行上方插入一行,并为其添加一个标题"2019级计算机2班学生信息统计表",首先选中A1:K1区域单元格,将这个区域合并成一个单元格,在"开始"选项卡中单击"合并居中"下拉按钮,在弹出的下拉菜单中选择"合并居中"命令,如图2-1-29所示。在合并的单元格中输入"2019级计算机2班学生信息统计表",并调整其行高至合适位置,如图2-1-30所示。

图2-1-29 合并居中

图2-1-30 调整行高

步骤五 设置表格样式。

①设置单元格数字。对"E2"单元格进行操作,鼠标右击选定的区域,在弹出的快捷菜单中选择"设置单元格格式"命令。因"E2"单元格输入的是学生的身份证号码,在"单元格格式"对话框中,选择"数字">"文本",单击"确定"按钮完成设置。如图2-1-31所示。

②设置单元格对齐。对表格中A2:K49单元格进行操作,鼠标右击选定的区域,在弹出的快捷菜单中选择"设置单元格格式"命令,在"单元格格式"对话框中选择"对齐"选项卡,然后将"水平对齐"和"垂直对齐"方式均设置为"居中",单击"确定"按钮完成设置,如图2-1-32所示。

图2-1-31 "单元格格式"对话框

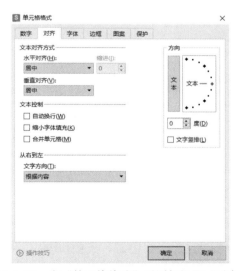

图2-1-32 在"单元格格式"对话框设置"对齐"

③设置单元格字体。将A1单元格中的标题文字的字体格式设置为"楷体、加粗、倾斜、字号20"。可以先选取这一行单元格,然后在选定的区域右击,在弹出的快捷菜单中选择"设置单元格格式"命令。然后选择"字体"选项卡,在"字体""字形""字号"栏进行相应的设置,单击"确定"按钮完成设置,如图2-1-33所示。

④设置单元格边框。对表格中A2：K49单元格添加"边框"。首先在选定的区域右击，在弹出的快捷菜单中选择"设置单元格格式"命令，选择"边框"选项卡，然后设置线条样式（实线）、颜色（绿色），预置（外/内部边框），单击"确定"按钮完成设置，如图2-1-34所示。

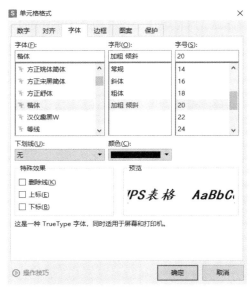

图2-1-33　设置"字体"

图2-1-34　设置"边框"

⑤设置单元格图案。对表格中A2：K2单元格添加"图案样式"。首先在选定的区域右击，在弹出的快捷菜单中选择"设置单元格格式"命令，选择"图案"选项卡，然后选择图案样式（12.5%灰色）、图案颜色（巧克力黄，着色2，浅色60%），如图2-1-35所示，单击"确定"按钮完成设置，效果如图2-1-36所示。

步骤六　设置表格页面。设置表格"纸张大小"为"A4"，"纸张方向"为"横向"，"页边距"为"常规"，并为表格添加页眉、页脚。

图2-1-35　设置"图案"

步骤七　检查调整文件。预览检查并调整表格内容，可以根据工作实际在"审阅"功能区为工作簿、工作表设置密码。

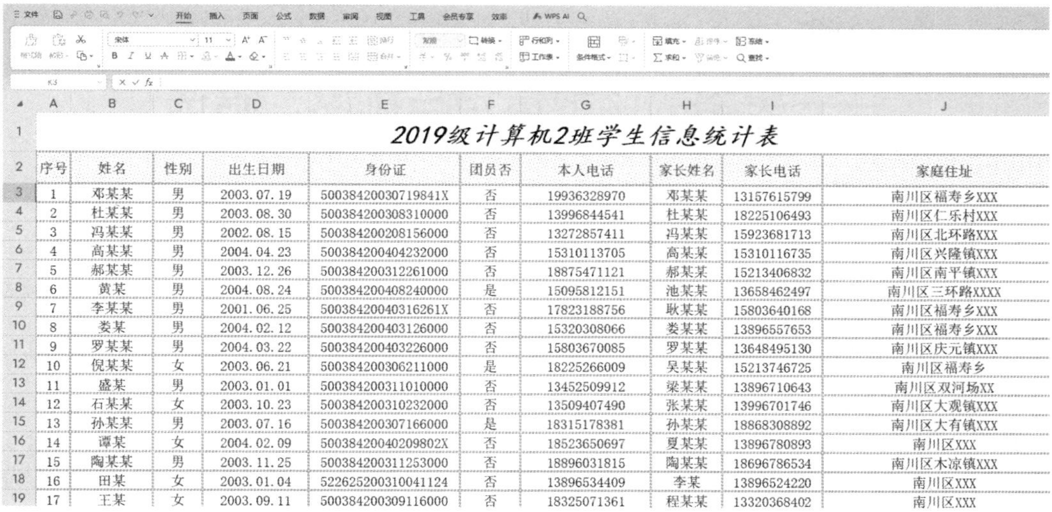

2019级计算机2班学生信息统计表

序号	姓名	性别	出生日期	身份证	团员否	本人电话	家长姓名	家长电话	家庭住址
1	邓某某	男	2003.07.19	50038420030719841X	否	19936328970	邓某某	13157615799	南川区福寿乡XXX
2	杜某某	男	2003.08.30	500384200308310000	否	13996844541	杜某某	18225106493	南川区仁乐村XXX
3	冯某某	男	2002.08.15	500384200208156000	否	13272857411	冯某某	15923681713	南川区北环路XXX
4	高某某	男	2004.04.23	500384200404232000	否	15310113705	高某某	15310116735	南川区兴隆镇XXX
5	郝某某	男	2003.12.26	500384200312261000	否	18875471121	郝某某	15213406832	南川区南平镇XXX
6	黄某	男	2004.08.24	500384200408240000	是	15095812151	池某某	13658462497	南川区三环路XXXX
7	李某某	男	2001.06.25	50038420040316261X	否	17823188756	耿某某	15803640168	南川区福寿乡XXX
8	娄某	男	2004.02.12	500384200403126000	否	15320308066	娄某某	13896557653	南川区福寿乡XXX
9	罗某某	男	2004.03.22	500384200403226000	否	15803670085	罗某某	13648495130	南川区庆元镇XXX
10	倪某某	女	2003.06.21	500384200306211000	是	18225266009	吴某某	15213746725	南川区福寿乡
11	盛某	男	2003.01.01	500384200311010000	否	13452509912	梁某某	13896710643	南川区双河场XX
12	石某某	女	2003.10.23	500384200310232000	否	13509407490	张某某	13996701746	南川区大观镇XXX
13	孙某某	男	2003.07.16	500384200307166000	是	18315178381	孙某某	18868308892	南川区大有镇XXX
14	谭某	女	2004.02.09	50038420040209802X	否	18523650697	夏某某	13896780893	南川区XXX
15	陶某某	男	2003.11.25	500384200311253000	否	18896031815	陶某某	18696786534	南川区木凉镇XXX
16	田某	女	2003.01.04	522625200310041124	否	13896534409	李某	13896524220	南川区XXX
17	王某	女	2003.09.11	500384200309116000	否	18325071361	程某某	13320368402	南川区XXX

图2-1-36　完成“设置单元格格式”命令

步骤八　保存与打印。保存文件并打印工作表，完成工作任务。

任务评价与反思

“制作一份学生信息统计表”任务评价						
序号	评价内容	评价标准	配分	评分记录		
				学生互评	组间互评	教师评价
1	操作过程	能够准确、熟练地完成操作步骤	40			
2	制作效果	统计表整齐有序、数据清晰	40			
3	沟通交流	能够积极、有效地与教师、小组成员沟通交流	20			
总分			100			
任务反思						

任务二 制作学生半期成绩统计表
——表格的函数运用与排序、筛选

任务描述

制作一份学生半期成绩统计表。根据统计的成绩计算出比如平均分、最高分、优秀占比、及格率、各学科各分数段人数等各项指标。要求表格整齐有序、数据清晰易读。

任务分析

在面对大量数据表格时，对数据的归纳和统计显得尤为重要。对班级半期成绩表进行高效和科学的数据归纳有助于师生更好地了解学习情况，更好地进行未来学习目标的规划。

WPS表格应用提供了专业的数据归纳和函数计算功能，利用相关功能可以高效准确地帮助用户分析数据。

任务知识

一、WPS表格的公式

1. WPS表格函数的使用方法

方法一，直接输入。打开WPS表格，在空白的单元格内输入"="，在等号后输入函数公式，如图2-2-1所示。

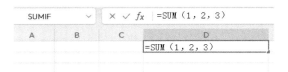

图2-2-1　在等号后输入函数公式

注意：

①函数括号内的标点应使用半角字符。

②对于简单数据，可以不使用函数直接进行计算。例如，可以输入"=A1+B1"，如图2-2-2所示。加、减、乘、除、乘方的符号分别是+、-、*、/、^。

③当一个公式输入完毕后需要敲击键盘上的回车键（Enter键）确认，WPS表格会将结果显示在单元格中。

④如果输入的内容为一个数组公式，在输入完成后需按组合键Ctrl+Shift+Enter确认。

图2-2-2　直接进行计算

方法二，插入函数。如图2-2-3所示，在"公式"功能区根据任务需求选择"插入""求和"或"常用"选项，在弹出的窗口中选择需要插入的函数，并根据实际数值情况完善函数信息即可完成函数应用。

图2-2-3　"插入""求和""常用"选项的位置

2. 常用函数

WPS表格函数即预先定义，执行计算、分析等处理数据任务的特殊公式。其组成（即函数的三要素）包括函数名、参数、函数值。

（1）SUM函数　具体如下。

语法结构：=SUM(Number1,Number2……)

主要功能：计算指定的单元格区域中全部数值的和。

参数说明：Number1,Number2……代表需要计算的值，可以是具体的数值、引用的单元格（区域）、逻辑值等。

例：=SUM(1,2,3)的功能为计算1、2、3的和，其结果为6。

=SUM(A1,B1,C1)的功能为计算A1单元格、B1单元格、C1单元格的和。

（2）AVERAGE函数　具体如下。

语法结构：=AVERAGE(Number1,Number2……)

主要功能：求出所有参数的算术平均值。

参数说明：Number1,Number2……代表需要求平均值的数值或引用单元格（区域），参数不超过30个。

例：=AVERAGE(1,2,3)的功能为计算1、2、3的平均值，其结果为2。

=AVERAGE(A1,B1,C1)的功能为计算A1单元格、B1单元格、C1单元格的平均值。

（3）MAX函数　具体如下。

语法结构：=MAX(Number1,Number2……)

主要功能：求出一组数中的最大值。

参数说明：Number1,Number2……代表需要求最大值的数值或引用单元格（区域），参数不超过30个。

例：=MAX(1,2,3)的功能为返回1、2、3的最大值，其结果为3。

=MAX(A1,B1,C1)的功能为返回A1单元格、B1单元格、C1单元格的最大值。

（4）MIN函数　具体如下。

语法结构：=MIN(Number1,Number2……)

主要功能：求出一组数中的最小值。

参数说明：Number1,Number2……代表需要求最小值的数值或引用单元格（区域），参数不超过30个。

例：=MIN(1,2,3)的功能为返回1、2、3的最小值，其结果为1。

=MIN(A1,B1,C1)的功能为返回A1单元格、B1单元格、C1单元格的最小值。

（5）ABS函数　具体如下。

语法结构：=ABS(Number)

主要功能：求出相应数字的绝对值。

参数说明：Number代表需要求绝对值的数值或引用的单元格。

例：=ABS(-1)的功能为计算-1的绝对值，其结果为1。

=ABS(A1)的功能为计算A1单元格的绝对值。

（6）MID函数　具体如下。

语法结构：=MID(字符串，启动位置，字符长度)

主要功能：从指定字符串中的指定位置起返回指定长度的字符。

参数说明：字符串代表要返回的原始字符串或引用单元格，启动位置代表要返回字符串在原始字符串中的开始位数，字符长度代表要返回字符串的长度。

例：=MID("人工智能与大数据应用产业系",6,5)的功能为返回"人工智能与大数据应用产业系"字符串第6位开始，长度为5位的字符串，其结果为"大数据应用"。

=MID(A1,6,5)的功能为返回A1单元格第6位开始长度为5位的字符串。

（7）IF函数　具体如下。

语法结构：=IF(判断条件，条件为真时的返回值，条件为假时的返回值)

主要功能：判断是不是满足某个条件，假设满足返回一个值，假设没有满足则返回另一个值。

参数说明：判断条件为一个条件表达式，结果为真或假，条件为真时的返回值代表当判断条件为真时单元格显示的值，条件为假时的返回值代表当判断条件为假时单元格显示的值。

例：=IF(5>3,"重庆","南川")的功能为判断5>3的结果为真，返回结果为"重庆"。

=IF(A1>B1,"重庆","南川")的功能为判断A1>B1的结果，为真返回值为"重庆"，为假返回值为"南川"。

（8）COUNT函数　具体如下。

语法结构：=COUNT(Number1,Number2……)

主要功能：统计区域中的数据单元格的个数。

参数说明：Number1,Number2……到255个可以包含的引用各种不同类型数据的参数，但只对数字型数据进行计数。

例：=COUNT(A2:A10)的功能为在A2：A10区域里面，统计区域里的单元格个数，返回结果为9。

（9）COUNTIF函数　具体如下。

语法结构：=COUNTIF(Range,Criteria)

主要功能：统计某个单元格区域中符合指定条件的单元格数目。

参数说明：Range代表要统计的单元格区域，Criteria表示指定的条件表达式。

例：=COUNTIF(A1:A5,">50")的功能为在单元格A1到A5区间，大于50的值个数。

（10）TODAY函数　具体如下。

语法结构：=TODAY( )

主要功能：给出系统日期。

参数说明：该函数不需要参数。

例：=TODAY( )的结果为2023/12/19

（11）NOW函数　具体如下。

语法结构：=NOW( )

主要功能：给出系统日期和时间。

参数说明：该函数不需要参数。

例：=NOW( )的结果为2023/12/19 21:41:59

（12）VLOOKUP函数　具体如下。

语法结构：=VLOOKUP(查询值,数据范围,返回值列数,查询模式)

主要功能：搜索表区域首列满足条件的元素，确定待检索单元格在区域中的序号，再进一步返回选定单元格的值。

参数说明：查询值代表要查询的值，数据范围代表要查询的单元格区域，返回值列数代表返回选中区域的列数，查询模式的参数值为1时为近似匹配、为0时为精确匹配。

例：=VLOOKUP(G2,B2:D7,2,0)的功能为在单元格B2：D7中，第2列的参数中精确查找，返回结果为176。如图2-2-4所示。

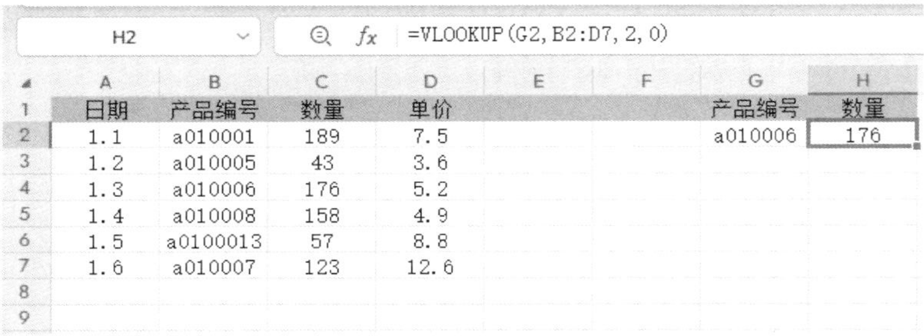

H2　=VLOOKUP(G2,B2:D7,2,0)

	A	B	C	D	E	F	G	H
1	日期	产品编号	数量	单价			产品编号	数量
2	1.1	a010001	189	7.5			a010006	176
3	1.2	a010005	43	3.6				
4	1.3	a010006	176	5.2				
5	1.4	a010008	158	4.9				
6	1.5	a0100013	57	8.8				
7	1.6	a010007	123	12.6				
8								
9								

图2-2-4　VLOOKUP函数

（13）FREQUENCY函数　具体如下。

语法结构：=FREQUENCY (一组数值,一组间隔值)

主要功能：以一列垂直数组返回某个区域中数据的频率分布。

参数说明：一组数值代表一个数组或对一组数值的引用，一组间隔值代表一个区间数组或对区间的引用，该区间用于对一组数值中的数值进行分组。

例：=FREQUENCY(C2:C10,F2:F3)的功能为在单元格C2到C10区间，引用F2到F3区间的数据分组的间隔，返回结果为5和1，如图2-2-5所示。注意：图2-2-5中的“{ }”为组合数据表示方式，其目的是为了输出多个数值结果。直接输入时，选择“人数”列两个空格，写入“=FREQUENCY（C2:C11,F2:F3）”，按组合键Ctrl+Shift+Enter即可获得结果。

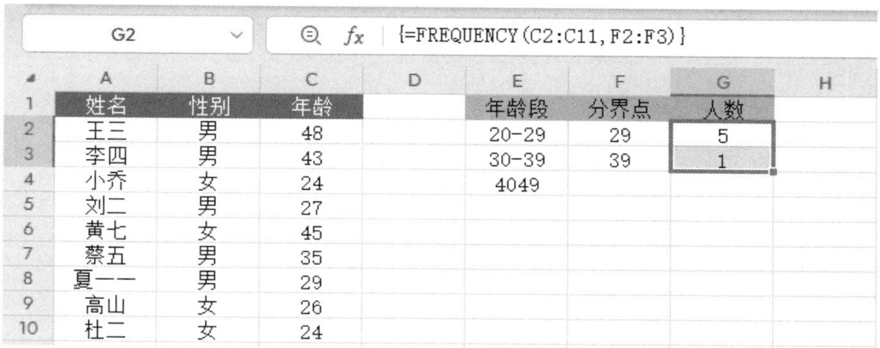

图2-2-5　FREQUENCY函数

（14）RANK函数　具体如下。

语法结构：=RANK(Number,ref,[order])

主要功能：求某一个数值在某一区域内的排名。

参数说明：Number代表需要求排名的那个数值或者单元格名称（单元格内必须为数字），ref代表排名的参照数值区域，order值如果为0或忽略，降序，非零值，则升序。

例：=RANK(A1,A1:A10)的功能为在单元格A1到A10区间，求A1的排名，返回结果为9。如图2-2-6所示。

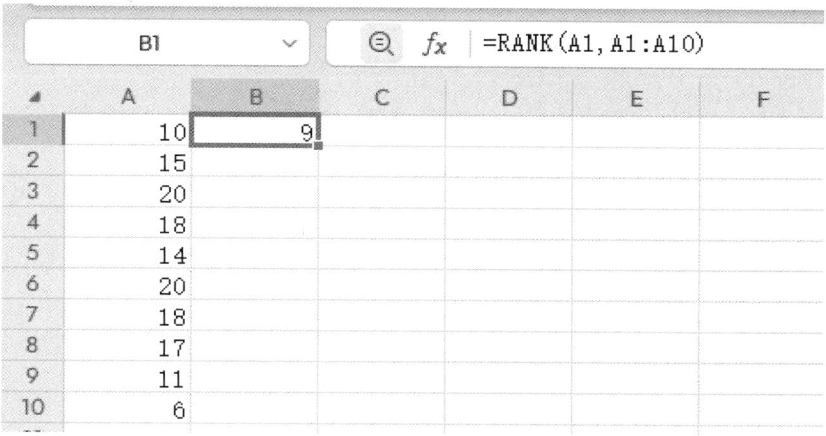

图2-2-6　RANK函数

二、WPS表格的排序

排序是数据管理最常见的功能之一。在WPS表格中，可以按照一列或多列、升序或降序对表格进行排序，或执行自定义排序。具体操作如下。

步骤一　鼠标左键单击选中需要排序的列上的任意一个单元格，如图2-2-7所示。

图2-2-7 选中E4单元格

步骤二 点击"排序"按钮，选择"升序"或"降序"，即可重新排列整个表格，如图2-2-8所示。

效果如图2-2-9、图2-2-10所示，注意标题行不会参与排序。

图2-2-8 选择排序方式

图2-2-9 降序效果

图2-2-10 升序效果

WPS表格应用还为用户提供了高级排序功能，可以根据用户定义的自定义规则对数据进行排序。点击"排序"按钮，选择"自定义排序"，弹出"排序"对话框，在该对话框中根据需要进行设置，如图2-2-11所示。

图2-2-11 "排序"对话框

三、WPS表格的筛选

在使用WPS表格的过程中，如果表格的数据行过多，用户往往希望通过某些条件来进行筛选，更方便地查看各个条件下的数据，而将其他无关的数据暂时隐藏。具体操作如下。

步骤一 选中表格标题行单元格，如图2-2-12所示。

图2-2-12　选中标题行

步骤二 点击"筛选"按钮，标题行单元格右侧出现下拉选择标志，如图2-2-13所示。

图2-2-13　点击"筛选"按钮

步骤三 单击标题行单元格右侧的小三角标志，按条件进行筛选。如图2-2-14、图2-2-15所示。

图2-2-14　筛选对话框

	A	B	C	D	E	F	G
1	姓名	性别	语文	数学	英语	总分	名次
4	刘某某	女	82	67	78		
5	陈某	女	69	76	81		
6	徐某	女	73	81	82		
8	李某	女	91	88	93		

图2-2-15 按"性别"进行筛选的结果

任务实施

一、制作学生成绩表

1. 新建"23级计算机应用班半期成绩表.xlsx"

步骤一 新建空白表格，并保存文件在一个固定路径，输入文件名称"23级计算机应用班半期成绩表"。

步骤二 选中表格左下方"sheet1"，点击鼠标右键，在弹出的菜单中选择"重命名"菜单项，将Sheet1工作表的名称改为"半期成绩分析"。如图2-2-16所示。

图2-2-16 更改工作表名称

步骤三 打开工作表"23级计算机应用半期成绩原表"，将原表数据复制粘贴到"23级计算机应用班半期成绩表"中。在"23级计算机应用班半期成绩表"中添加"总分""名次"列。如图2-2-17所示。

	A	B	C	D	E	F	G
1	姓名	性别	语文	数学	英语	总分	名次
2	孙某某	男	89	94	85		
3	余某	女	91	88	93		
4	胡某某	女	73	81	82		
5	王某	女	69	76	81		
6	赵某某	男	58	51	63		
7	李某某	男	46	85	75		
8	刘某某	女	82	67	78		

图2-2-17 添加"总分""名次"列

步骤四 选中第一行标题，点击鼠标右键，选择"在上方插入行"。选中A1：G1区域单元格后，单击工具栏中的"合并居中"，然后输入标题"23级计算机应用班半期成绩表"。如图2-2-18所示。

图2-2-18 插入标题行

2. 美化"23级计算机应用班半期成绩表.xlsx"

在完成了"23级计算机应用班半期成绩表"基本结构后，还可以对其进行一定的美化。

步骤一 设置标题字体为微软雅黑，字号为18，字形为加粗，字体颜色为白色，填充颜色为浅蓝色。

步骤二 选中A2：G2区域，单击"格式"工具栏上相应命令按钮，设置字体为黑体，字号为12，字形为加粗，填充颜色为浅绿色。

步骤三 选中A3：G9区域，单击"格式"工具栏上相应命令按钮，设置字体为宋体，字号为12。

步骤四 选中A1：G9区域，单击鼠标右键，选择"设置单元格格式"选项，在弹出的"单元格格式"对话框中选择"边框"选项卡，设置外边框和内边框的颜色均为紫色，线条类型为单实线；选择"对齐"选项卡，设置"水平对齐"方式为"居中"，单击"确定"按钮完成操作，完成后效果如图2-2-19所示。

图2-2-19 美化后效果

二、完成数据计算与统计

1. 统计总分

步骤一 在F3单元格中输入=SUM（C3:E3），返回结果为268。

步骤二 在完成了F3单元格的求和后，将鼠标移动到F3单元格右下角双击鼠标，完成F4到F9单元格的填充，以完成所有学生总分的计算。完成效果如图2-2-20所示。

	A	B	C	D	E	F	G
1	23级计算机应用班半期成绩表							
2	姓名	性别	语文	数学	英语	总分	名次
3	孙某某	男	89	94	85	268	
4	余某	女	91	88	93	272	
5	胡某某	女	73	81	82	236	
6	王某	女	69	76	81	226	
7	赵某某	男	58	51	63	172	
8	李某某	男	46	85	75	206	
9	刘某某	女	82	67	78	227	
10							

图2-2-20　计算总分

2. 统计名次

步骤一 分析参数。在本任务中按总分排序，所以排序的单元格为F3，排序的单元格区域为F3：F9，这里要使用绝对引用，所以输入时应输入为：$F$3:$F$9，排序应为降序。

步骤二 函数运用。在G3单元格中输入=RANK（F3,$F$3:$F$9）。在完成了G3单元格的排序后，将鼠标移动到G3单元格右下角双击鼠标，完成G4到G9单元格的填充，以完成所有学生名次的排列。完成效果如图2-2-21所示。

	A	B	C	D	E	F	G
1	23级计算机应用班半期成绩表							
2	姓名	性别	语文	数学	英语	总分	名次
3	孙某某	男	89	94	85	268	2
4	余某	女	91	88	93	272	1
5	胡某某	女	73	81	82	236	3
6	王某	女	69	76	81	226	5
7	赵某某	男	58	51	63	172	7
8	李某某	男	46	85	75	206	6
9	刘某某	女	82	67	78	227	4
10							

图2-2-21　名次结果

如果出现两名学生成绩相同的情况，那么成绩相同的两名学生名次一样，其后的学生名次后移。

三、完成成绩分析

在完成了上一部分的任务内容后，只是对学生成绩进行了一个名次的排列，教师在对半期成绩进行分析时，还需要统计学科的平均分、最高分、优生率、及格率以及各分数段学生人数，所以还需要对半期成绩表做进一步的数据分析。在J2到N14单元格区域创建一个新的统计分析表，如图2-2-22所示。

图2-2-22 创建统计分析表

步骤一 平均分统计。单击L3单元格，输入=AVERAGE（C3:C9），返回结果为72.57142857。如图2-2-23所示。

图2-2-23 计算平均分

步骤二 最高分统计。单击L4单元格，输入=MAX（C3:C9），返回结果为91。如图2-2-24所示。

统计项目	语文	数学	英语
平均分	72.57142857		
最高分	91		
优生率			
及格率			
分数段			
100	100		
99.9	90-99		
89.9	80-89		
79.9	70-79		
69.9	60-69		
59.9	50-59		
49.9	50以下		

图2-2-24 计算最高分

步骤三　优生率统计。假设单科成绩80分以上为优生，则优生率的计算为：80分以上人数/总人数。使用=COUNT（C3:C9）计算总人数，使用=COUNTIF（C3:C9,">=80"）计算80分以上人数。单击L5单元格，输入=COUNTIF(C3:C9,">=80")/COUNT(C3:C9)。其显示结果如图2-2-25所示。

统计项目	语文	数学	英语
平均分	72.57142857		
最高分	91		
优生率	0.428571429		
及格率			
分数段			
100	100		
99.9	90-99		
89.9	80-89		
79.9	70-79		
69.9	60-69		
59.9	50-59		
49.9	50以下		

图2-2-25 计算优生率

步骤四　及格率统计。同理可以计算语文的及格率，选中L6单元格，输入=COUNTIF(C3:C9,">=60")/COUNT(C3:C9)，其显示结果如图2-2-26所示。

统计项目	语文	数学	英语
平均分	72.57142857		
最高分	91		
优生率	0.428571429		
及格率	0.714285714		
分数段			
100	100		
99.9	90-99		
89.9	80-89		
79.9	70-79		
69.9	60-69		
59.9	50-59		
49.9	50以下		

图2-2-26 计算及格率

步骤五 分数段的统计。如图2-2-22所示的分数段，J列单元格中的数为临界数字，用于函数的运算。选中L8：L14单元格，输入=FREQUENCY(C$3:C$9,$J$8:$J$14)后，按下快捷键Ctrl+Shift+Enter，得到语文学科各分数段人数。如图2-2-27所示。

	统计项目	语文	数学	英语
	平均分	72.57142857		
	最高分	91		
	优生率	0.428571429		
	及格率	0.714285714		
	分数段			
100	100	0		
99.9	90-99	1		
89.9	80-89	2		
79.9	70-79	1		
69.9	60-69	1		
59.9	50-59	1		
49.9	50以下	1		

图2-2-27　分数段的统计

四、完善表格

完成语文成绩的统计分析后，可以修改单元格格式来美化单元格内容。

步骤一 将语文平均分设置为1位小数。右击L3单元格，选择"设置单元格格式"菜单项，在弹出的"单元格格式"对话框中选择分类为"数值"，小数位数设置为"1"。如图2-2-28所示。

图2-2-28　设置平均分"单元格格式"

步骤二 将语文优生率和及格率设置为百分数。选中L5：L6单元格，右击后选择"设置单元格格式"菜单项，在弹出的"单元格格式"对话框中选择分类为"百分比"，小数位数设置为"1"，如图2-2-29所示。

图2-2-29 设置优生率"单元格格式"

步骤三 隐藏J8：J14单元格数据。选中J8：J14单元格，设置字体颜色为白色。完成上述操作后，整个表格效果显示如图2-2-30所示。

	A	B	C	D	E	F	G	H	I	J	K	L	M	N
1	23级计算机应用班半期成绩表													
2	姓名	性别	语文	数学	英语	总分	名次				统计项目	语文	数学	英语
3	孙某某	男	89	94	85	268	2				平均分	72.6		
4	余某	女	91	88	93	272	1				最高分	91		
5	胡某某	女	73	81	82	236	3				优生率	42.9%		
6	王某	女	69	76	81	226	5				及格率	71.4%		
7	赵某某	男	58	51	63	172	7				分数段			
8	李某某	男	46	85	75	206	6				100	0		
9	刘某某	女	82	67	78	227	4				90-99	1		
10											80-89	2		
11											70-79	1		
12											60-69	1		
13											50-59	1		
14											50以下	1		

图2-2-30 隐藏单元格

步骤四 复制L3：L14单元格至M3：M14，N3：N14，最终"23级计算机应用班半期成绩表"显示结果如图2-2-31。

#	A	B	C	D	E	F	G	H	I	J	K	L	M	N
1	23级计算机应用班半期成绩表													
2	姓名	性别	语文	数学	英语	总分	名次				统计项目	语文	数学	英语
3	孙某某	男	89	94	85	268	2				平均分	72.6	77.4	79.6
4	余某	女	91	88	93	272	1				最高分	91	94	93
5	胡某某	女	73	81	82	236	3				优生率	42.9%	57.1%	57.1%
6	王某	女	69	76	81	226	5				及格率	71.4%	85.7%	100.0%
7	赵某某	男	58	51	63	172	7				分数段			
8	李某某	男	46	85	75	206	6				100	0	0	0
9	刘某某	女	82	67	78	227	4				90-99	1	1	1
10											80-89	2	3	3
11											70-79	1	1	2
12											60-69	1	1	1
13											50-59	1	1	0
14											50以下	1	0	0

图2-2-31　完成效果

任务评价与反思

\"统计与分析学生半期成绩\"任务评价					
序号	评价内容	评价标准	配分	评分记录		
				学生互评	组间互评	教师评价
1	操作过程	能够准确、熟练地完成操作步骤	40			
2	制作效果	图表整齐有序、数据清晰	40			
3	沟通交流	能够积极、有效地与教师、小组成员沟通交流	20			
总分			100			
任务反思					

任务三　制作物业费用统计图表
——表格的图表功能

任务描述

根据物业费用表格信息制作以下主题图表：①物业月收入、支出、结余簇状柱形图；②物业月收入情况堆积柱形图；③物业年度收入折线图；④物业年度收入饼图；⑤物业年度收入三维饼图。要求图表信息完整，图表直观、简洁、易于理解。

任务分析

通常情况下，表格数据庞杂。如果用户对表格数据逐一分析，工作强度较大。

WPS表格图表可以将复杂的数据以直观、形象的方式呈现出来，使数据更加易于理解。通过创建不同类型的图表，可以更快地发现数据间的规律和趋势，帮助用户做出正确的决策。

任务知识

一、WPS图表的功能

WPS图表实际上是把表格图形化，使得表格中的数据具有更好的视觉效果。使用图表，可以更加直观、有效地表达数据信息，并帮助用户迅速掌握数据的发展趋势和分布状况，有利于分析、比较和预测数据。

WPS图表主要由以下几部分组成，如图2-3-1所示。

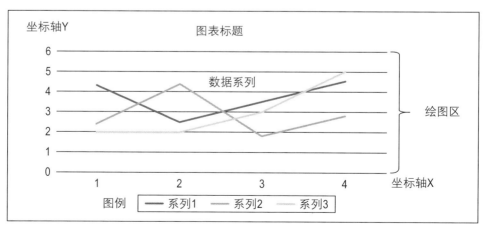

图2-3-1　WPS图表组成要素

二、WPS图表的种类

WPS表格提供了多种图表类型，用户可以在其中选择合适的图表类型，帮助用户分析和比较数据，使数据变得更加直观，如柱形图、折线图、饼图、XY散点图、条形图、面积图、圆环图、雷达图、曲面图、气泡图、股市图、圆柱图、圆锥图和棱锥图等。

1. 柱形图

柱形图是用宽度相同的条形的高低或长短来表示数据多少的图形。柱形图常用于显示分散的数据，反映一段时间内数据的变化，或者不同项目之间的对比，适合直接比较多组数据之间的大小。

如图2-3-2所示的柱形图，可以比较每个销售代表的销售情况。

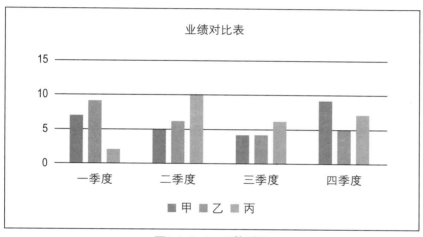

图2-3-2　WPS柱形图

2. 折线图

排列在工作表的列或行中的数据可以绘制到折线图中。折线图可以显示随时间（根据常用比例设置）而变化的连续数据，因此非常适用于显示在相同时间间隔下数据的趋势。

在折线图中，类别数据沿水平轴均匀分布，所有值数据沿垂直轴均匀分布。如果分类标签是文本并且代表均匀分布的数值（如月度、季度或财政年度），则应该使用折线图。当有多个系列时，尤其适合使用折线图。对于一个系列，应该考虑使用类别图。如果有几个均匀分布的数值标签（尤其是年），也应该使用折线图。

如图2-3-3所示，折线图常用于绘制连续的数据，以便从中看出趋势。

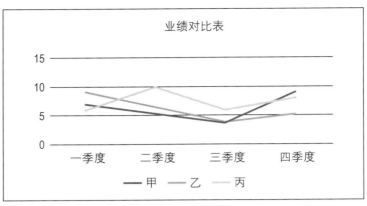

图2-3-3 WPS折线图

3. 饼图

饼图是一种圆形图表，将数据划分为不同的扇形区域，每个扇形区域大小与对应数据占比成比例，主要用于表示不同分类的占比情况。饼图中的每个扇形切片表示一个分类，扇形切片的弧度表示该分类在整体中的占比，所有切片构成一个整体，即100%。饼图可以很好地展示数据之间的比例关系，便于用户直观了解数据的分布情况。并且饼图外形美观，不同数据项用不同颜色的扇形区域表示，更加易读。饼图还可以通过改变不同数据的大小、颜色、标签等属性来呈现更加丰富的数据信息。如图2-3-4所示，该图是统计本年度销售总量中各销售代表所占的比例，以对各销售代表的销售业绩做出客观评价。

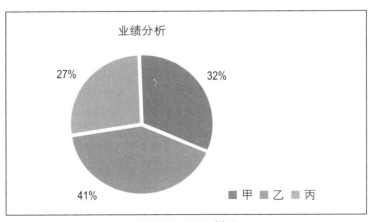

图2-3-4 WPS饼图

4. 条形图

条形图也用于显示各个项目之间的对比，与柱形图不同的是，其分类轴设置在纵轴上，而柱形图则设置在横轴上。如图2-3-5所示，条形图的优点在于分类标志更易读，适合用来比较不同类别在同一项目上的差异。

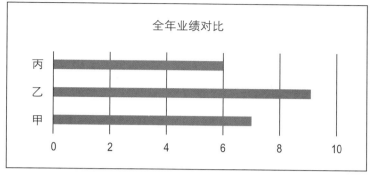

图2-3-5　WPS条形图

5. 面积图

面积图往往用于绘制数据堆积的情况，以便清楚地看到数据的变化情况，以及数据各个组成部分的贡献。如图2-3-6所示，通过堆积将各季度销售总和表现出来。

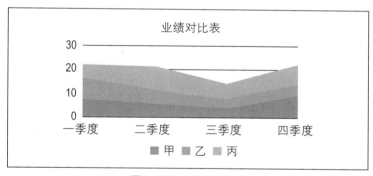

图2-3-6　WPS面积图

6. 雷达图

雷达图的意义在于从不同的角度对一个事物做出总体的评估，其显示数值相对于中心点的变化情况。如图2-3-7所示。

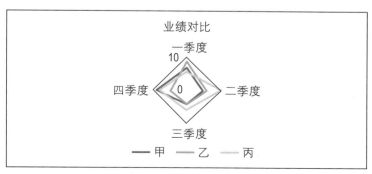

图2-3-7　WPS雷达图

三、WPS的图表操作

1. 插入图表

在WPS表格中，要使用图表分析数据，首先需要根据数据插入合适的图表类型。

用户可以在WPS表格常用工具栏中点击"全部图表"按钮，在弹出的"图表"对话框中选择要插入的图表类型。如图2-3-8所示。

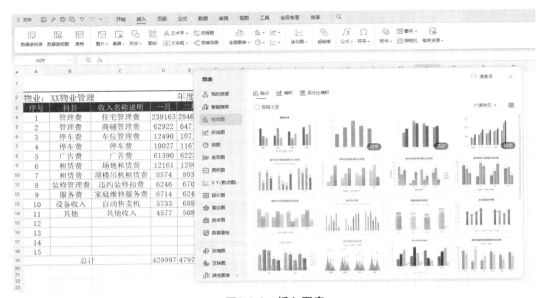

图2-3-8　插入图表

2. 编辑图表

对于已插入的图表，用户还可以根据需要编辑图表的大小、位置、类型、数据源、布局等，使制作的图表能更直观地展示数据。

（1）**调整图表大小**　选择图表，将鼠标指针移动到图表四周的控制点上，拖动鼠标可以直接调整图表的大小。

（2）**调整图表位置**　选择图表，将鼠标指针移动到图表上，按住鼠标左键不放，拖动鼠标可以直接调整图表的位置。

（3）**更改图表类型**　如果插入的图表类型不能直观地体现数据，可以通过WPS表格提供的"更改类型"选项，将图表更改为其他类型。具体操作：选择图表，单击"图表工具"选项卡中的"更改类型"按钮，打开"更改图表类型"对话框，在左侧选择图表类型，在右侧选择具体的图表，然后单击"确定"按钮，即可将图表更改为选择的类型。如图2-3-9所示。

图2-3-9　更改图表类型

（4）**编辑图表数据源**　图表是依据数据表创建的，若创建图表时选择的数据区域有误，那么在创建图表后，可以右键单击"选择数据"按钮，根据需要修改图表数据源。如图2-3-10所示。

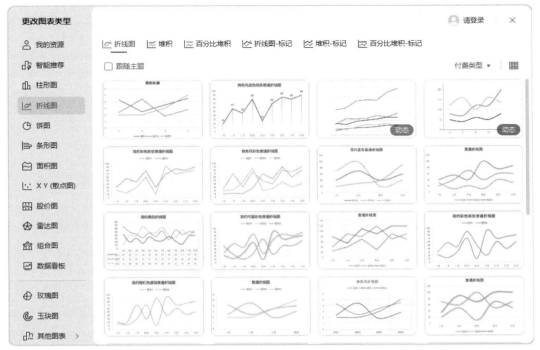

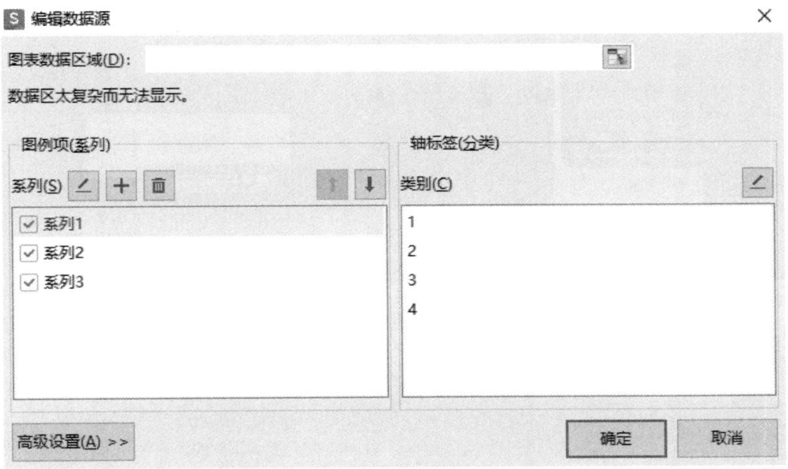

图2-3-10　编辑数据源

（5）**更改图表布局**　图表是由坐标轴、图表标题、数据标签、图例、网格线等多个元素组合成的，可以通过添加或隐藏图表中的元素来更改图表的整体布局。如图2-3-11所示。

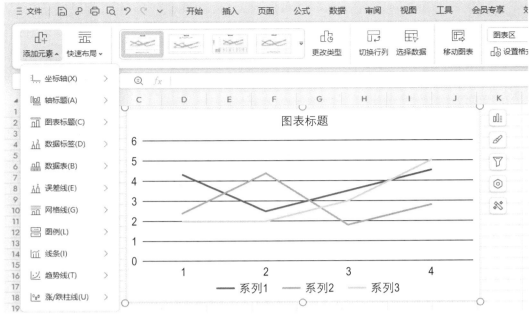

图2-3-11　添加元素

3. 美化图表

在WPS表格中，通过应用图表样式和更改图表颜色可以快速美化图表。如图2-3-12所示。

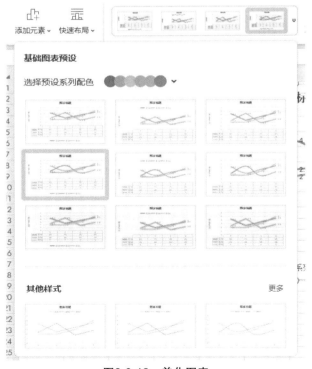

图2-3-12　美化图表

任务实施

一、制作柱形图

1. 制作"物业每月收入、支出、结余簇状柱形图"

步骤一 打开"物业年度收支公示表",如图2-3-13所示。

月份	收入					支出				结余
	物管费	门面租金	停车费	其他收入	总计	服务成本	管理费	税金	总计	
一月	239163	62922	12490	4577	319152	10027	61390	12161	83578	235574
二月	284689	64710	10715	5089	365203	10027	62238	12804	85069	280134
三月	233635	61279	12209	7493	314616	10027	69607	10470	90104	224512
四月	241587	65912	10571	5379	323449	10027	37838	11999	59864	263585
五月	263734	67291	10395	5106	346526	10027	59929	11004	80960	265566
六月	204117	65430	12727	3711	285985	10027	41720	10586	62333	223652
七月	287446	60667	12144	5219	365476	10027	39595	11506	61128	304348
八月	232595	62761	12783	7728	315867	10027	36328	11297	57652	258215
九月	274696	64185	10580	6211	355672	10027	38595	12477	61099	294573
十月	243769	60887	10713	8754	324123	10027	68422	11405	89854	234269
十一月	281878	63322	12855	8497	366552	10027	68785	10171	88983	277569
十二月	269633	67719	12309	7477	357138	10027	64071	12631	86729	270409
总结	3056942	767085	140491	75241	4039759	120324	648518	138511	907353	3132406

微课

图2-3-13 物业年度收支公示表

步骤二 插入图表。选择菜单栏"插入"菜单项后选择"全部图表",弹出"图表"对话框,选择预设第一个"簇状柱形图"生成图表,如图2-3-14~图2-3-16所示。

图2-3-14 "插入"图表

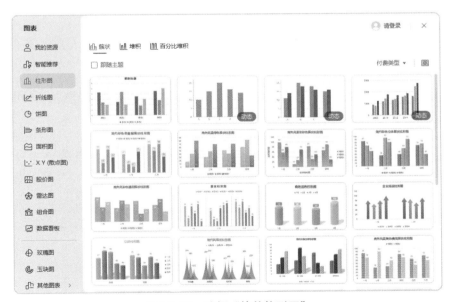

图2-3-15 选择"簇状柱形图"

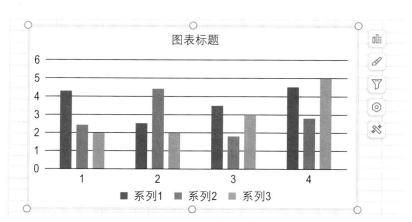

图2-3-16　生成图表

步骤三　编辑图表。

①右击图表，选择"选择数据"菜单项，弹出"编辑数据源"对话框。如图2-3-17所示。

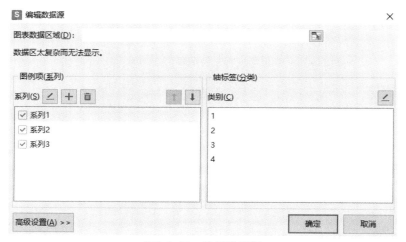

图2-3-17　编辑数据源

②删除已有的所有系列，点击"+"号添加新的系列，选择系列名称为B2，即"收入"，系列值选择F4:F15，如图2-3-18所示。

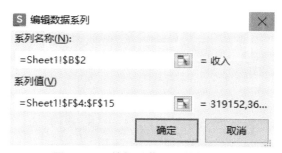

图2-3-18　编辑"收入"数据系列

③按照上述方法添加"支出"和"结余"两个系列。设置完成后如图2-3-19所示。

图2-3-19　添加"支出""结余"系列

完成上述步骤后，此时图表显示如图2-3-20所示。

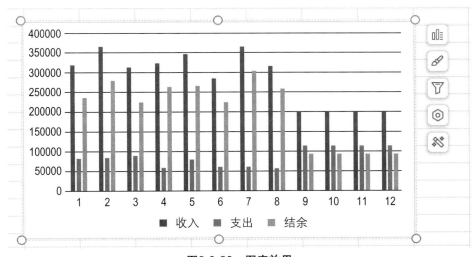

图2-3-20　图表效果

④点击"轴标签（分类）"下方的"编辑"按钮，编辑"轴标签区域"为A4:A15。如图2-3-21、图2-3-22所示。

图2-3-21　编辑"轴标签（分类）"

图2-3-22　编辑"轴标签区域"

⑤点击图表右方的"图表元素"按钮，勾选"图表标题"复选框，修改图表标题为"物业每月收支结余图"。如图2-3-23所示。

图2-3-23　添加标题

最终完成图表效果如图2-3-24所示。

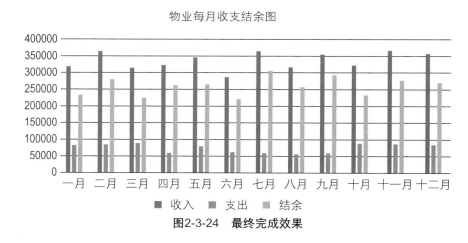

图2-3-24　最终完成效果

2. 制作"物业每月收入情况堆积柱形图"

步骤一　打开"物业年度收支公示表"，如图2-3-13所示。

步骤二　插入图表。选择菜单栏"插入"菜单项后，选择"全部图表"，弹出"图表"对话框，选择预设第一个"堆积柱形图"。如图2-3-25所示。

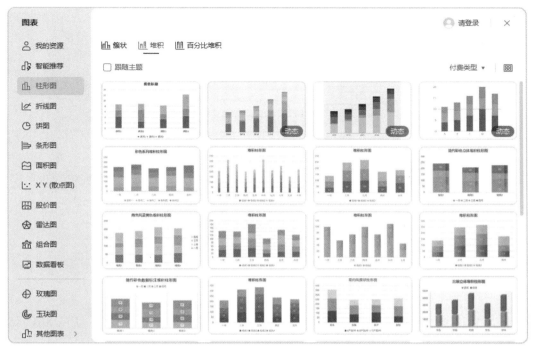

图2-3-25 插入"堆积柱形图"

步骤三 编辑图表。

①右击图表选择"选择数据"菜单项,弹出"编辑数据源"对话框。根据以上操作方法,删除已有系列,添加"物管费""门面租金""停车费""其他收入"系列。如图2-3-26所示。

图2-3-26 编辑"系列"(1)

②修改"轴标签(分类)"为月份。如图2-3-27所示。

图2-3-27　编辑"类别"

③为图表添加标题"物业收入图",完成该图表的制作。从该堆积柱形图中能很清楚地看出每月收入的组成部分及各部分在当月收入中所占体量。如图2-3-28所示。

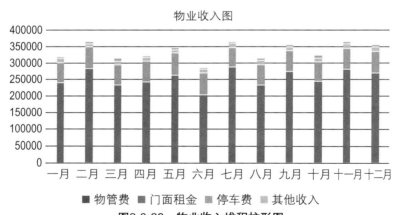

图2-3-28　物业收入堆积柱形图

二、制作折线图

制作"物业年度收入折线图"。

步骤一　打开"物业年度收支公示表",如图2-3-13所示。

步骤二　插入图表。选择菜单栏"插入"菜单项后,选择"全部图表",弹出"图表"对话框,选择预设第一个"折线图"。如图2-3-29所示。

图2-3-29 插入"折线图"

步骤三 编辑图表。

①右击图表选择"选择数据"菜单项,弹出"编辑数据源"对话框。删除已有系列,新建系列,系列名称为B2,系列值为F4:F15,轴标签名称为A4:A15。效果如图2-3-30所示。

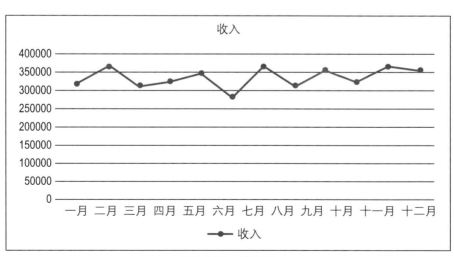

图2-3-30 效果图

②更改图表标题为"物业年度收入折线图",点击"图表元素"按钮,勾选"数据标签"复选框。如图2-3-31所示。

图2-3-31 添加"数据标签"

③调整"数据标签"标签位置,让图表更加美观。如图2-3-32所示。

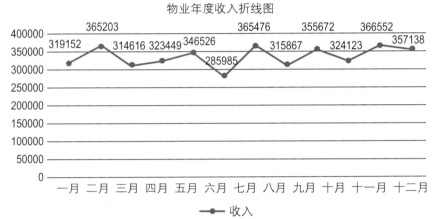

图2-3-32 物业年度收入折线图

三、制作饼图

1.制作"物业年度收入饼图"

步骤一 打开"物业年度收支公示表",如图2-3-13所示。

步骤二 插入图表。选择菜单栏"插入"菜单项后,选择"全部图表",弹出"图表"对话框,选择预设第一个"饼图"。如图2-3-33所示。

步骤三 编辑图表。

①右击图表选择"选择数据"菜单项,弹出"编辑数据源"对话框。删除已有系列,新建系列,系列名称为B2,系列值为B16:E16,轴标签名称为B3:E3。效果如图2-3-34所示。

②更改图表标题为"物业收入饼图",点击"图表元素"按钮,勾选"数据标签"复选框。调整"数据标签"标签位置,让图表更加美观。如图2-3-35所示。

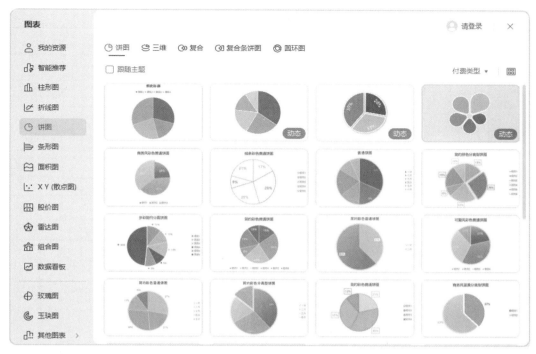

图2-3-33 插入"饼图"

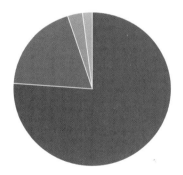

图2-3-34 编辑"系列"（2）

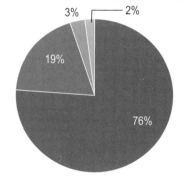

图2-3-35 物业收入饼图

2. 制作"物业年度收入三维饼图"

三维饼图与二维饼状图没有本质的区别，主要是外观上的差异。三维饼图比二维饼图具有更好的视角，数据展示效果更好。按照制作"物业收入饼图"的制作步骤制作三维饼图，只是在选择饼图时选择"三维饼图"，最终制作出的三维饼图效果如图2-3-36所示。

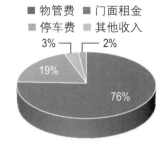

图2-3-36 物业收入三维饼图

任务评价与反思

序号	评价内容	评价标准	配分	评分记录		
				学生互评	组间互评	教师评价
		"制作物业费用统计图表"任务评价				
1	操作过程	能够准确、熟练地完成操作步骤	40			
2	制作效果	图表信息完整，直观、简洁、易于理解	40			
3	沟通交流	能够积极、有效地与教师、小组成员沟通交流	20			
	总分		100			
任务反思						

任务四 制作学生期末成绩数据透视表——表格的数据透视功能

任务描述

根据学生期末成绩数据制作数据透视图表,显示各班语数外分数、总分及平均分,并使用数据透视图筛选2、3班的语数外分数、总分及平均分。要求表格整齐有序,信息完整,数据清晰易读,图表直观、简洁、易于理解。

任务分析

在一些工作情景中,用户需要对表格数据进行筛选、计算、图表设计等综合应用。如果依次操作对应命令,工作烦琐。WPS表格的数据透视表与数据透视图功能集成了多种图表应用效果。用户可以在表格的基础上进行数据透视,快速计算、筛选表格信息,并及时生成对应图表。

任务知识

一、数据透视表的功能

数据透视表是一种交互式的表,可以动态地改变版面布置,以便按照不同方式更新数据,也可以重新安排行号、列标和页字段。每次改变版面布置时,数据透视都会立即按照新的布置重新计算数据。另外,如果原始数据发生变化,则可以更新透视表。利用数据透视表能快速地对表格进行分析处理,极大减少工作量。

数据透视表可以进行某些计算,如求和与计数等。所进行的计算与数据透视表中的排列有关。例如,可以水平或者垂直显示字段值,然后计算每一行或列的合计;可以将字段值作为行号或列标,在每个行、列交汇处计算出各自的数量,然后计算小计和总计。

> **数据透视表的基本术语**
> 数据源:用于创建数据透视表的数据源,可以是单元区域、定义的名称、另一个数据透视表数据或其他外部数据来源。
> 字段:数据源中各列的列标题,每个字段代表一类数据。字段可分为:报表筛选字段、行字段、列字段、值字段。
> 项:项是每个字段中包含的数据,表示数据源中字段的唯一条目。

二、数据透视表的创建与删除

1. 数据透视表的创建

打开需要分析的表格。确保每列都有一个明确的标题，并且每行都包含一条记录。

点击菜单栏上的"插入"，选择"数据透视表"。打开"创建数据透视表"对话框后，表格将根据选择自动检测数据区域，

图2-4-1　创建"数据透视表"

点击"确定"后，创建数据透视表成功。如图2-4-1、图2-4-2所示。

图2-4-2　设置"创建数据透视表"

创建数据透视表后，想要查看数据则点击右侧"字段列表"，先勾选哪个字段，哪个字段排在前面。想要字段出现在列，则点击字段名，把字段名拖进"数据透视表区域"里的"列"区域里，字段就在列中展示。"行"区域，可以在数据透视表中创建行标签。"值"区域，可以在数据

透视表中进行汇总计算。"列"区域，可以在数据透视表中创建列标签。"筛选器"区域，可以在数据透视表中添加筛选条件。如图2-4-3所示。

图2-4-3　添加字段

2. 数据透视表的删除

选择数据透视表中的某个单元格，单击"分析"选项卡中的"删除"按钮即可，如图2-4-4所示。

图2-4-4　删除数据透视表

三、数据透视表的编辑

1. 在数据透视表中增加、删除字段

（1）**增加字段**　选择数据透视表某个单元格，打开右侧"数据透视表"面板，勾选字段即可进行添加。

（2）**删除字段**　选择数据透视表某个单元格，打开右侧"数据透视表"面板，取消勾选字段即可进行删除。

2. 字段位置、汇总方式的更改

（1）**更改字段位置**　选择数据透视表某个单元格，打开右侧"数据透视表"面板，选中字段，将字段拖动到所需位置。如图2-4-5所示。

（2）**更改字段汇总方式**　选中字段，在弹出的菜单中单击"值字段设置"选项，如图2-4-6所示。在弹出的"值字段设置"对话框的"值字段汇总方式"列表框中选择

图2-4-5　更改字段位置

所需汇总方式，单击"确定"按钮，如图2-4-7所示。

图2-4-6 "值字段设置"选项　　　　图2-4-7 "值字段设置"对话框

3. 使用切片器筛选数据

选中数据透视表单元格，选择"分析"选项卡中的"插入切片器"命令，如图2-4-8所示。

图2-4-8 "插入切片器"命令

在"插入切片器"对话框中进行设置，勾选所需字段，单击"确定"按钮，设置相应字段切片器，如五月停车费，如图2-4-9、图2-4-10所示。

图2-4-9 "插入切片器"对话框　　　图2-4-10 设置相应字段切片器

设置切片器后的数据透视表如图2-4-11所示。删除切片器的方法为，右击切片器，选择"删除"命令即可。

图2-4-11　设置切片器后的数据透视表

4. 使用数据透视图筛选数据

选中数据透视表单元格，选择"插入"选项卡中的"数据透视图"命令，选择所需图表类型，如图2-4-12、图2-4-13所示。

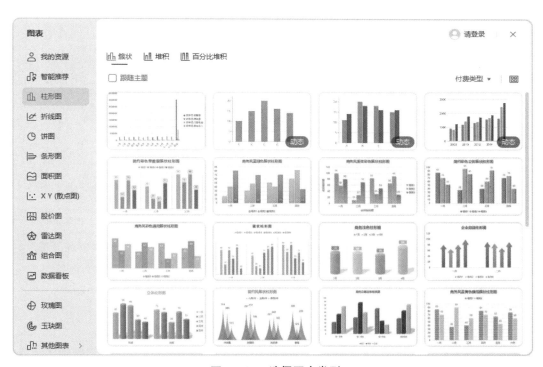

图2-4-12　"数据透视图"命令

图2-4-13　选择图表类型

在数据透视图中单击字段，勾选字段或取消勾选字段对其进行筛选。如筛选五月费用，如图2-4-14所示。

图2-4-14 筛选字段

筛选数据后的数据透视图效果如图2-4-15所示。

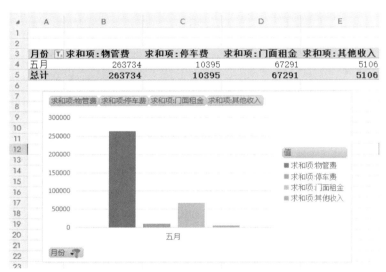

图2-4-15 筛选数据后的数据透视图

任务实施

步骤一 创建数据透视表。

打开"学生期末成绩表",选择表格区域的任一单元格,单击"插入"选项卡中的"数据透视表"按钮,在"创建数据透视表"对话框的"请选择要分析的数据"区域选择"请选择

▶ 微课 ◀

单元格区域"选项,区域设置为"A2：K21",将放置透视表的位置设置为"新工作表",单击"确定"按钮,如图2-4-16所示。

在"数据透视表"面板中进行设置。在"数据透视表"面板中,把"班级"和"姓名"字段拖动到"行"区域中,依次勾选"语文""数学""英语""总分"字段,如图2-4-17所示。

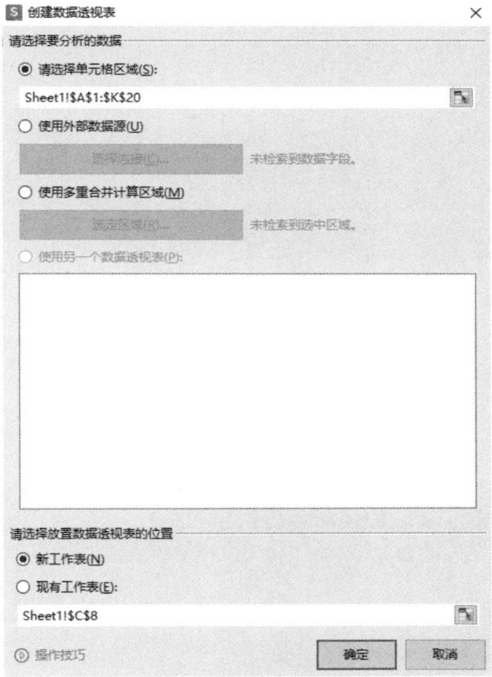

图2-4-16　选择数据

图2-4-17　数据透视表相关字段设置

把创建好的数据透视表所在工作表的标签设置为"学生期末成绩数据透视表",数据透视表效果如图2-4-18所示。

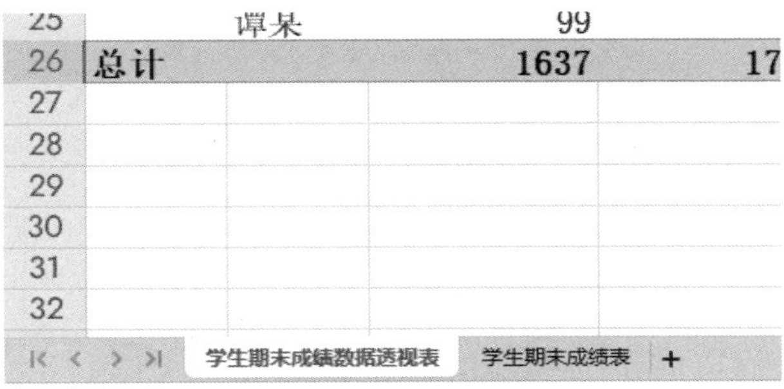

图2-4-18　工作表标签

步骤二 编辑表格字段汇总方式。

选择表中的某个单元格，选择"分析">"值字段设置"，在弹出的对话框中的"值字段汇总方式"列表框中选择"平均值"选项，单击"确定"按钮，如图2-4-19所示。依次将语文、数学、英语汇总方式更改为"平均值"，效果如图2-4-20所示。

图2-4-19 平均值设置

班级	姓名	平均值项:语文	平均值项:数学	平均值项:英语	平均值项:总分
⊟1班		87.14285714	93.71428571	85.42857143	600.5714286
	邓某某	93	87	85	587
	冯某某	82	92	82	601
	杜某某	74	95	93	572
	李某某	87	89	87	630
	罗某	92	99	69	594
	罗某某	83	94	92	604
	倪某某	99	100	90	616
⊟2班		87	86.5	88.5	590
	高某某	83	69	97	589
	郝某某	94	90	79	572
	黄某	71	88	81	565
	娄某	86	88	95	576
	盛某	99	93	88	619
	石某某	89	91	91	619
⊟3班		84.16666667	90.33333333	85.5	581.3333333
	李某	90	91	97	623
	陈某	77	89	97	584
	代某	87	78	81	572
	黄某某	69	87	71	523
	孙某某	83	100	89	617
	谭某	99	97	78	569
总计		86.15789474	90.36842105	86.42105263	591.1578947

图2-4-20 更改字段汇总方式效果

步骤三 筛选2、3班的成绩图表。

选中"数据透视表"中的任一单元格，选择"插入"面板中的"数据透视图"命令，插入簇状柱形图，如图2-4-21所示。

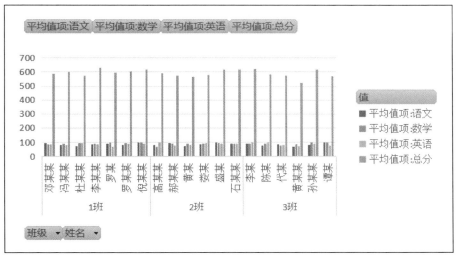

图2-4-21 插入簇状柱形图

在数据透视图中单击"班级",在面板中勾选"2班""3班",如图2-4-22所示。

筛选数据后的数据透视图效果如图2-4-23所示。

图2-4-22 筛选数据透视图中的数据

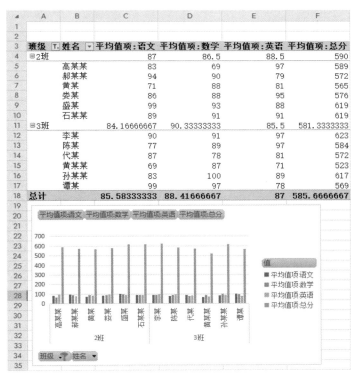

图2-4-23 数据透视图效果

任务评价与反思

序号	评价内容	评价标准	配分	评分记录		
				学生互评	组间互评	教师评价
1	操作过程	能够准确、熟练地完成操作步骤	40			
2	制作效果	图表直观、简洁，信息完整，数据清晰易读	40			
3	沟通交流	能够积极、有效地与教师、小组成员沟通交流	20			
	总分		100			
任务反思						

知识巩固

一、选择题

1. WPS表格数据类型包括（　　）

   A. 文本型数据　　　　　　　　　B. 数值型数据

   C. 日期、时间型数据　　　　　　D. 布尔型数据

2. WPS表格的求和函数是（　　）

   A. SUM函数　　　　　　　　　　B. AVERAGE函数

   C. MIN函数　　　　　　　　　　D. ABS函数

3. WPS表格提供了多种图表类型，具体类型包括（　　）

   A. 柱形图、折线图、饼图、XY散点图

   B. 面积图、圆环图、雷达图

   C. 曲面图、气泡图、股市图

   D. 圆柱图、圆锥图、棱锥图

4. WPS表格数据透视图表的功能包括（　　）

   A. 数据计算　　B. 数据筛选　　C. 图标设计　　D. AI文本生成

二、判断题

1. 表格的行高、列宽有直接和定量两种设置方法。定量设置是将鼠标移至列边界线，当鼠标指针变为十字形状时，按住左键向左右拖动鼠标即可调整列宽。如果双击鼠标，则可直接将列宽自动调整为本列最宽数据的宽度。（　　）

2. WPS表格提供了密码保护功能，以防止工作簿、工作表内容被意外更改。设置密码后，表格展示功能不受影响，只有通过密码输入才能更改表格数据、结构。（　　）

3. 默认情况下，打印工作表时会将整个工作表全部打印输出。（　　）

4. WPS表格的公式以等号"="开头，加、减、乘、除、乘方的符号分别是+、－、*、/、^。（　　）

模块二
知识巩固答案

模块三　WPS演示文稿应用

　　WPS演示文稿是一种轻便、易用、功能丰富的演示工具。它能够帮助我们轻松创建出色的演示文稿，包括漂亮的主题、动画、图表、图像和多媒体素材等。本模块通过典型任务介绍WPS演示文稿的工作界面、基本操作方法及技巧、多媒体素材、动画效果等内容。

学习目标

素养目标

　　具有认真细致的工作态度；
　　具有办公软件的规范操作意识。

知识目标

　　掌握WPS演示文稿的基本操作，以及设置幻灯片母版与版式的方法；
　　掌握在WPS演示文稿中插入和设置图形、图片、文字、表格、音频、视频等对象的方法；
　　掌握在WPS演示文稿中设置动画效果与切换方式的方法；
　　掌握放映WPS演示文稿幻灯片的方法。

能力目标

　　能够使用所学知识独立完成目标演示文稿的制作；
　　能够优化目标演示文稿的各种效果。

任务一 制作课程框架演示文稿——WPS演示文稿基础与思维导图应用

任务描述

制作一份课程框架演示文稿。要求标题结构完整清晰,通过两页演示文稿展示中职数学基础模块上、下册课程内容。

任务分析

结构清晰、内容精确的课程框架可以使学习者更加简洁和快速地理清学习脉络,提高学习效率。

将WPS演示文稿和思维导图结合使用,可以高效生成包括课程框架在内的信息框架图形,便于信息按一定逻辑传播展示。

任务知识

一、认识WPS演示文稿工作界面

新建演示文稿,观察工作界面,如图3-1-1所示,WPS演示工作界面主要包括标题栏、功能区、编辑区、状态栏、导航区、任务窗格等。其中标题栏、功能区、任务窗格、状态栏的布局和使用原理与WPS文字、表格的布局和使用原理相似,在此不做重复介绍。

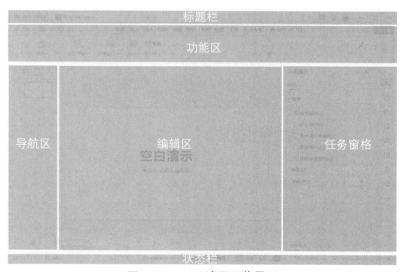

图3-1-1 WPS演示工作界面

1. 导航区

导航区位于工作界面的左侧，显示当前文档中所有的幻灯片，可以通过鼠标拖动来调整幻灯片的顺序。单击导航窗口中的幻灯片，该幻灯片的编号和边框呈现橘色，并在幻灯片编辑区显示，如图3-1-2所示。

2. 编辑区

编辑区位于中间主要位置，每个幻灯片都是一个独立的演示文稿页面，可以在此区域内对幻灯片进行文字、图片、声音、图表、视频等内容的编辑和排版，如图3-1-3所示。

图3-1-2 WPS演示幻灯片导航区

图3-1-3 WPS演示幻灯片编辑区

二、WPS演示文稿的新建与保存

1. 新建演示文稿

打开桌面上的WPS Office软件，单击"新建"按钮打开WPS"新建"界面，选择"Office文档"中的"演示"选项，如图3-1-4所示。单击新建"空白演示文稿"，如图3-1-5所示。完成演示文稿的创建，如图3-1-6所示。

图3-1-4 "新建演示"选项

图3-1-5　新建"空白演示文稿"选项

图3-1-6　完成演示文稿的创建

2. 保存演示文稿

方法一，新建文稿后，选择"文件">"保存"命令，如图3-1-7所示。弹出"另存为"对话框，如图3-1-8所示。选择存储路径，输入文件名（默认为"演示文稿1"），选择"文件类型"，单击"保存"按钮保存文件。

图3-1-7　"保存"命令

图3-1-8 "另存为"对话框

方法二，单击"快速访问工具栏"中的"保存"按钮，打开"另存文件"对话框进行保存，如图3-1-9所示。

图3-1-9 "保存"按钮

方法三，使用快捷键Ctrl+S，打开"另存为"对话框进行保存。

方法四，文件保存后，选择"文件">"另存为"命令，如图3-1-10所示。选择文件类型，单击"保存"按钮保存文件。这种保存方式可以保存当前内容同时又不替换原来的内容。

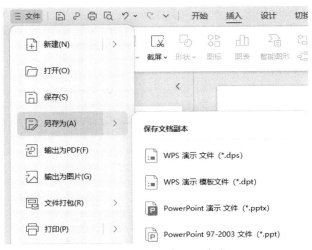

图3-1-10 "另存为"命令

除了常规保存文件方法，WPS演示文稿还提供了"输出为图片""输出为PDF""文件打包"等输出方式。

"输出为图片"：将当前内容以长图输出，选择"文件"＞"输出为图片"命令，如图3-1-11。弹出窗口，点击右上角输出方式，选择"合成长图"，把PPT转为长图片，如图3-1-12所示。

图3-1-11　"输出为图片"命令　　　　图3-1-12　将PPT输出为长图片

"输出为PDF"：将当前内容以PDF格式输出，选择"文件"＞"输出为PDF"命令，如图3-1-13所示。弹出窗口，输入"输出范围"，选择"保存位置"，把PPT转为PDF，如图3-1-14所示。

图3-1-13　"输出为PDF"命令　　　　图3-1-14　将PPT输出为PDF

"文件打包"：将当前内容进行打包以避免多媒体文件丢失，选择"文件"＞"文件打包"命令，可以选择将演示文档打包成文件夹，也可以选择将演示文档打包成压缩文件，如图3-1-15所示。

图3-1-15　文件打包

三、幻灯片的新建

1. 新建空白幻灯片

新建幻灯片有四种方法。

方法一，选择"开始">"新建幻灯片"即可新建幻灯片，如图3-1-16所示。

图3-1-16　新建幻灯片方法一

方法二，选择"插入">"新建幻灯片"即可新建幻灯片，如图3-1-17所示。

方法三，在幻灯片导航窗口中，选中需要插入新幻灯片的位置，按回车键即可。

方法四，使用快捷键Ctrl+M可以新建幻灯片。

图3-1-17 新建幻灯片方法二

2. 利用模板新建幻灯片（选学）

方法一，在幻灯片导航窗口，在空白幻灯片上单击"+"按钮打开"新建单页幻灯片"选项卡，根据内容筛选好版式或搜索模板，单击"立即下载"按钮，如图3-1-18所示。

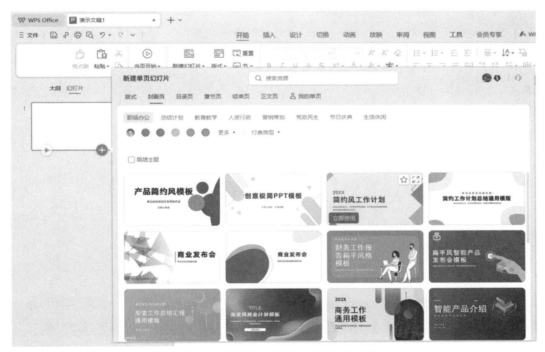

图3-1-18 WPS演示利用模板新建幻灯片方法一

方法二，在"开始"选项卡中，单击新建幻灯片的下拉按钮，打开"新建单页幻灯片"选项卡，根据内容筛选好版式或搜索模板，单击"立即下载"。

注意：目前大部分模版需要付费使用，本书对付费内容不做详细介绍。

四、页面大小及比例调整

1. 调整页面大小

在"设计"选项卡中,单击"幻灯片大小"下拉菜单,有默认的4∶3和16∶9两种大小供选择,选择"自定义大小",如图3-1-19所示。在弹出的"页面设置"对话框中根据需要设置页面大小,如图3-1-20所示。

图3-1-19　调整页面大小

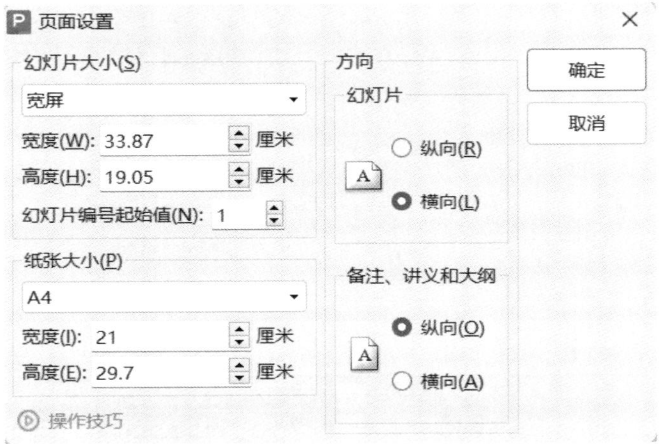

图3-1-20　页面设置

2. 调整页面比例

调整页面比例有三种方法。

方法一,在"视图"选项卡中,单击"适应窗口大小",页面自动显示最佳比例,如图3-1-21所示。单击"显示比例"按钮,如图3-1-22所示。

图3-1-21　"适应窗口大小"按钮

在弹出的"显示比例"对话框中，选择需要的页面大小，或在"最佳"选项里自定义百分比，如图3-1-23所示。

图3-1-22　"显示比例"按钮　　　　图3-1-23　"显示比例"对话框

方法二，在"视图"栏中，单击"最佳显示比例"按钮，页面自动显示最佳比例，如图3-1-24所示。单击"缩放级别"按钮，在弹出的"显示比例"对话框中，选择需要的页面大小，或在"百分比"选项里自定义页面大小，如图3-1-25所示。

图3-1-24　"最佳显示比例"按钮　　　图3-1-25　"显示比例"对话框

方法三，在"视图"栏中，拖动"缩放"按钮，或点击"＋""－"按钮，自定义页面大小，如图3-1-26所示。

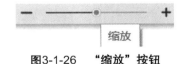

图3-1-26　"缩放"按钮

五、认识WPS思维导图

思维导图又称脑图、树状图，是一种图像式思维工具。WPS思维导图工作界面主要包括快速访问工具栏、工具栏、功能区、编辑区、状态栏、视图栏等，如图3-1-27所示。

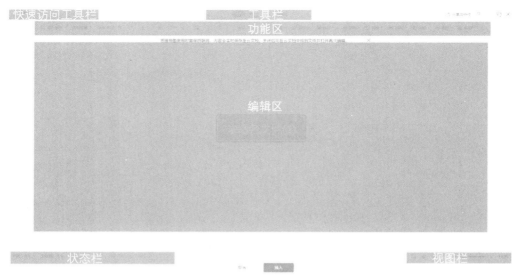

图3-1-27 WPS思维导图工作界面

1. 快速访问工具栏

快速访问工具栏位于标题栏的下方左侧，"文件"右侧，包含了各种常用思维导图的操作命令，如保存至云文档、另存为/导出、导入思维导图、格式刷、重命名文件、撤销、恢复等，如图3-1-28所示。

图3-1-28 WPS思维导图快速访问工具栏

2. 工具栏及功能区

工具栏位于标题栏的下方中部，快速访问工具栏的右侧，包括"开始""样式""插入""视图""导出"5个默认的选项卡。每个选项卡都有各自不同的功能区选项组，选择不同选项卡时，功能区对应变化。"开始"选项卡对应功能区如图3-1-29所示，"插入"选项卡对应功能区如图3-1-30所示。

图3-1-29 WPS思维导图工具栏及"开始"功能区

图3-1-30 WPS思维导图工具栏及"插入"功能区

3. 思维导图编辑区

思维导图编辑区又称为画布，位于中间主要位置，可以在此区域内对思维导图进行文字、图片、超链接、标签、公式、图标等内容的编辑和排版。

4. 状态栏

状态栏位于工作界面的底部左侧，显示了当前思维导图的状态，如模式、字数、主题数等。

5. 视图栏

视图栏位于思维导图编辑区域下方右侧，包括左键切换、定位到中心主题、视图导航和调整页面比例等。左键切换用于切换鼠标左键功能为框选主题或移动画布，点击视图导航，可以关闭或显示当前思维导图在画布中的位置。

六、制作演示文稿思维导图

1. 打开思维导图

在打开的演示文稿中，选择"插入">"思维导图"，如图3-1-31所示。根据任务需求选择空白文件或模板，如图3-1-32所示。完成思维导图的创建，如图3-1-33所示。建议制作插入思维导图在有网络环境下进行，制成的文件备份在"思维导图"新建面板"我的"中，方便随时修改调取。

图3-1-31 选择"插入">"思维导图"

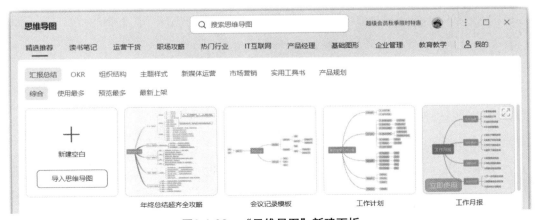

图3-1-32 "思维导图"新建面板

图3-1-33 完成思维导图的创建

2. 编辑思维导图

（1）**修改**主题名称　新建思维导图后，会默认建立一个主题图标，双击可以更改主题内容，如图3-1-34所示。

图3-1-34 双击可以更改主题内容

（2）**添加主题**　选择主题图标后，按回车键可以增加同级主题图标（一张导图通常只有一个一级主题，选择一级主题图标后按回车键只能得到一个下级主题图标），按Tab键增加下级主题图标，如图3-1-35所示。另外，点击主题图标后的加号键也能够添加下级主题。按Delete键可以删除已选择主题图标。

图3-1-35 按Tab键增加下级主题图标

（3）**拖动主题**　按鼠标左键拖动主题可以调整主题间的层级关系，如图3-1-36所示。

图3-1-36 拖动主题

（4）**插入信息**　选择需要编辑的主题图标后，可以使用"插入"功能为主题添加"图片""标签""任务""超链接""备注"等，如图3-1-37所示。

图3-1-37 插入信息

（5）**导图美化** 如图3-1-38所示，选择需要编辑的主题图标后，可以使用"样式"功能美化主题。"节点样式"可用于选择不同的主题风格，"节点背景"可用于更换节点背景颜色。此外，还可以设置"连线颜色""连线宽度""边框宽度""边框颜色""边框类型""边框弧度""画布""风格""结构"等。

图3-1-38 导图美化

3. 插入思维导图

根据设计的课程学习笔记在画布上完成思维导图后，点击界面下方"插入"按钮，即可完成插入，如图3-1-39、图3-1-40所示。双击插入后思维导图可以修改导图，修改后工作界面没有"插入"按钮，保存后需要选择"插入">"思维导图">"我的文件"，插入更改后的思维导图，如图3-1-41所示。

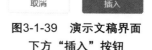

图3-1-39 演示文稿界面下方"插入"按钮

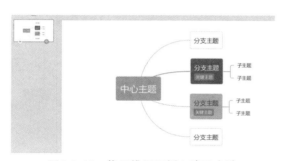

图3-1-40 将思维导图插入演示文稿

图3-1-41 插入修改后思维导图

任务实施

步骤一 收集信息内容。根据任务要求收集中职数学基础模块上册课程信息。

步骤二 创建文件和空白文稿。新建空白演示文稿，并保存文件在一个固定路径。

步骤三 新建思维导图。选择"插入"选项卡，在对应的功能区中选择"思维导图"，单击"新建空白思维导图"选项，完成思维导图的创建。

步骤四 编辑思维导图。编辑按钮信息的排版方式和美术外观。编辑后，将导图插入演示文稿，按照课程章节体例将信息填入思维导图。

步骤五 保存演示文稿。预览检查文件（快捷键F5）并保存，完成课程框架演示文稿制作，如图3-1-42所示。

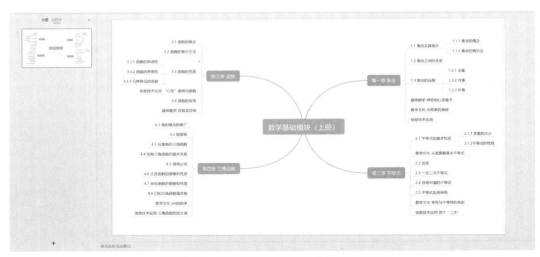

图3-1-42 中职数学基础模块上册课程框架

任务评价与反思

		"制作课程框架演示文稿"任务评价				
序号	评价内容	评价标准	配分	评分记录		
				学生互评	组间互评	教师评价
1	操作过程	能够准确、熟练地完成操作步骤	40			
2	制作效果	演示文稿美观、完整、具有创新性	40			
3	沟通交流	能够积极、有效地与教师、小组成员沟通交流	20			
		总分	100			
任务反思						

任务二　制作二十四节气之秋分介绍演示文稿——图片形状编辑与文字、表格应用

任务描述

制作一份介绍二十四节气之秋分的演示文稿。演示文稿要明确展示封面页、目录页、章节页、结束页等页面，文字、图片、背景、轮廓、表格等内容排版整齐、美观。

任务分析

二十四节气是我国人通过观察太阳周年运动，认知一年中时令、气候、物候等方面变化规律所形成的智慧结晶。它不仅是我国人"天人合一"生态思想的体现，也浓缩着因时制宜、因地制宜、循环发展的生态智慧。

秋分是二十四节气之第十六个节气、秋季第四个节气。在制作关于秋分的介绍演示文稿时，需要进行大量的图文编辑工作，其中包括使用WPS演示文稿的相关功能来统一设计多页面的图文。如果演示文稿的页面存在大量同质化的设计素材，可以使用WPS幻灯片母版来提高工作效率。

任务知识

一、幻灯片母版

1. 认识幻灯片母版

幻灯片母版是存储幻灯片有关设计信息的模板，这些信息包括字形、占位符大小、背景设计等。母版在幻灯片制作之初就要设置好，它决定着幻灯片的"背景"。在"视图"功能区中可找到"幻灯片母版"按钮，如图3-2-1所示。点击"关闭"可退出幻灯片母版编辑模式，如图3-2-2所示。

2. 编辑幻灯片母版

母版分为主母版和版式母版，如图3-2-3所示。

更改主母版，则所有页面都会发生改变。设置主母版的"背景"颜色，所有的母版背景都会随之变化，如图3-2-4所示。关闭母版编辑，这时新建幻灯片，出现的空白幻灯片背景色为主母版颜色。

图3-2-1 "幻灯片母版"按钮

图3-2-2 点击"关闭"退出幻灯片母版编辑模式

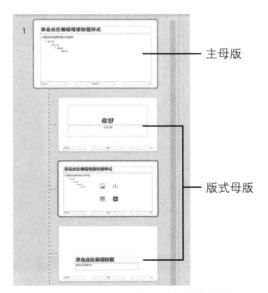

图3-2-3 主母版和版式母版

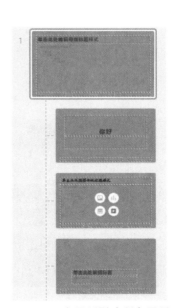

图3-2-4 主母版影响所有母版

版式母版可以对指定幻灯片产生影响。设置好版式模板后，关闭母版编辑，回到幻灯片。在导航区需要应用版式母版的幻灯片上点击鼠标右键，选择"版式">"母版版式"，即可选择设定版式，如图3-2-5所示。如果用户设计了比较成熟的幻灯片需要反复使用，也可以通过幻灯片母版编辑面板中的"插入版式"生成自己的版式母版，如图3-2-6所示。

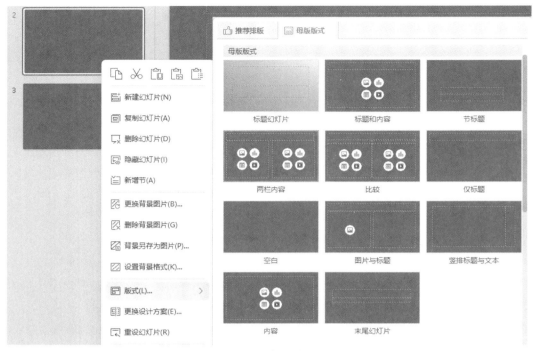

图3-2-5 选择版式母版

图3-2-6 插入版式

二、形状的绘制与编辑

演示文稿中的形状包括矩形、箭头、线条、四形、星形等，利用不同形状或形状的组合，可以做出与众不同的视觉效果，吸引观众注意力。

1. 形状绘制

绘制形状主要是通过拖动鼠标完成的，在WPS演示文稿中选择需要绘制的形状后，拖动鼠标即可绘制该形状。操作步骤：选择幻灯片，单击"插入"功能区中的"形状"下拉按钮，在弹出的下拉列表中选择一种形状，如"圆角矩形"，如图3-2-7所示。当鼠标指针变成十字形时，在幻灯片上按住鼠标左键拖出一个圆角矩形，如图3-2-8所示。

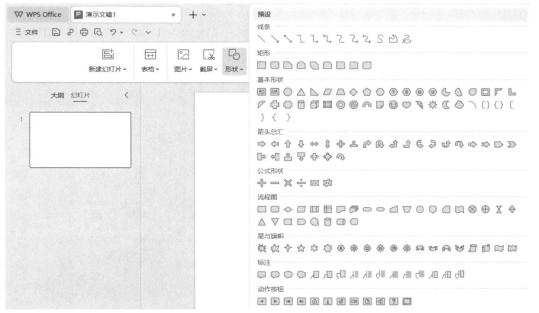

图3-2-7 选择形状

图3-2-8 圆角矩形

2. 形状编辑

（1）**设置形状效果和轮廓** 绘制的形状可以根据需要设置效果和轮廓。

（2）**设置形状填充颜色** 单击选中圆角矩形，单击"绘图工具"功能区中的"填充"下拉按钮，在下拉列表中选择填充颜色进行填充，如图3-2-9所示。

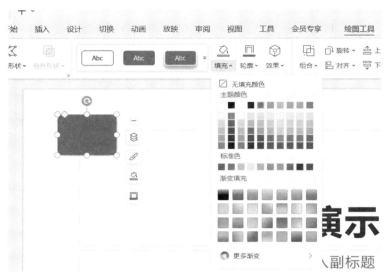

图3-2-9　设置形状填充颜色

3. 调整形状叠放次序

选择形状后，形状右侧会出现"叠放次序"按钮，点击按钮会出现"置于顶层""置于底层""上移一层""下移一层"四个选项，根据实际需求选择即可，如图3-2-10所示。该调整方式同样适用于图片、表格和文本。

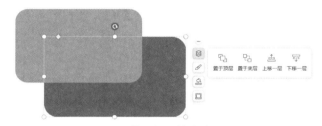

图3-2-10　调整形状叠放次序的四种形式

三、文字的插入与编辑

WPS演示文稿中的文字主要有占位符文本、文本框中的文本、艺术字文本3种。演示文稿中的文字编辑多数是以插入文本框和利用文本占位符的方式实现的，文本框的优势在于可以随意调整大小和位置。

1. 文本占位符

占位符是用来占位的符号，是一种带有虚线或阴影线边缘的框，经常出现在演示文稿的模板中，分为文本占位符、表格占位符、图表占位符和图片占位符等类型。

（1）利用文本占位符输入文字　文本占位符在幻灯片中表现为一个虚线框，虚线框内部往往会带有相关操作的提示语，单击鼠标左键之后，激活插入点光标，提示语会自动消失，用户可以输入内容，如图3-2-11所示。

图3-2-11　文本占位符

文本占位符内输入的文字能在大纲视图中预览，并且级别不同位置也会有所不同。用户可以通过在大纲视图中选中文字进行操作，直接改变所有演示文稿中的字体、字号设置，这是文本占位符的优势。通过插入文本框输入的文字则在大纲视图中不能出现，因此不能利用大纲视图进行批量格式设置操作。

（2）**文本占位符的修改**　要在幻灯片上修改文本占位符，单击选中文本占位符，然后进行相应操作，如要删除，选中该文本占位符，按Delete键即可直接删除。

（3）**文本占位符的恢复**　删除后的文本占位符可以利用幻灯片版式重新设置。选择"开始">"版式"，在弹出的下拉列表中选择一种母版版式，相应的文本占位符就会重现，如图3-2-12所示。

图3-2-12　恢复文本占位符

2. 文本框

文本框和文本占位符的相似之处，就是都能完成文本内容的输入。相对来说，利用文本框输入文字更方便。单击"插入"功能区中的"文本框"下拉按钮，在下拉列表中选择"横向文本框"或"竖向文本框"命令，如图3-2-13所示，就能在幻灯片中插入文本框并输入文字。

图3-2-13　文本框

选中文字，在"开始"功能区"字体"分组中或打开的"字体"对话框中进行字体、字形、字号、字的颜色、下划线等设置，如图3-2-14所示。

图3-2-14　字体格式设置

3. 艺术字

在设计演示文稿时，为使幻灯片更加美观和形象，常需用到艺术字功能。艺术字是一种文字样式库，将艺术字添加到演示文稿中，可以制作出特殊文本效果，可以达到美化文档的目的。

（1）**艺术字插入**　具体如下。

方法一，单击"插入"功能区中的"艺术字"按钮，弹出"艺术字预设"下拉列表，如图3-2-15所示。单击选择一种样式，在幻灯片中出现"请在此处输入文字"的艺术字编辑文本框中输入文字即可，如图3-2-16所示。

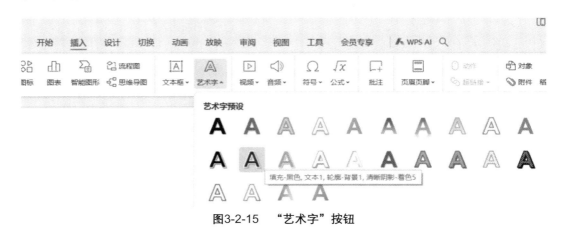

图3-2-15　"艺术字"按钮

请在此处输入文字

图3-2-16　插入艺术字

方法二，在幻灯片中选中文本框，在"文本工具"功能区中的艺术字样式分组中选择"艺术字预设"，将文本框中的文字变为艺术字，如图3-2-17所示。

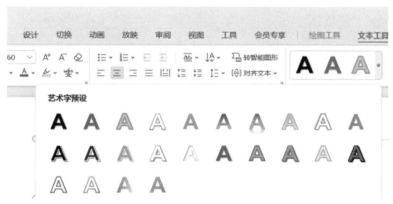

图3-2-17　插入艺术字方法二

（2）艺术字编辑　选中需要改变字体和段落格式的艺术字，通过"文本工具"功能区中的工具，可以设置艺术字的字体、字号、字间距、颜色、对齐方式、样式等，如图3-2-18所示。

图3-2-18　设置艺术字的格式

四、表格应用

1. 表格插入

方法一，单击"插入"功能区中的"表格"下拉按钮，弹出"表格"下拉列表，可以根据需要拖曳鼠标选定行、列数，松开鼠标即可在当前幻灯片中显示所需表格，如图3-2-19所示。

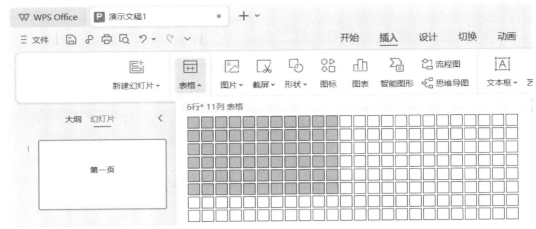

图3-2-19 插入表格方法一

方法二,如果制作的表格行列数较多,可以选择"表格">"插入表格"命令,在打开的"插入表格"对话框中输入行数和列数,单击"确定"按钮,如图3-2-20所示,即可在当前幻灯片中插入一张表格。

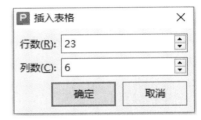

图3-2-20 "插入表格"对话框

2. 表格编辑

选中表格对象后,将出现"表格工具"和"表格样式"两个功能区,如图3-2-21所示。

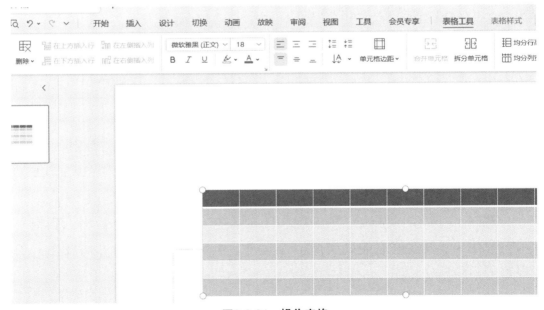

图3-2-21 操作表格

"表格工具"功能区。在该功能区可以进行表格行、列的添加和删除，单元格合并或拆分，单元格文本对齐方式等设置，如图3-2-22所示。

图3-2-22　"表格工具"功能区

"表格样式"功能区。在功能区可以进行表格边框颜色、边框粗细、填充颜色等设置，如图3-2-23所示。

图3-2-23　"表格样式"功能区

五、智能图形制作

智能图形在PowerPoint中也称为SmartArt图形，是信息的视觉表示形式。WPS自带的智能图形，包括列表、流程、循环、层次、关系、矩阵等各种关系，能够快速、轻松、有效地表达信息。可以在不同布局中进行选择来创建智能图形。

以创建组织结构图为例，操作步骤如下：单击"插入"功能区中的"智能图形"下拉按钮，在弹出的下拉列表中选择"智能图形"命令，如图3-2-24所示。在"智能图形"对话框上侧选择层次结构类别，在下侧选中组织结构图，然后单击，即可在幻灯片中插入组织结构框架，如图3-2-25所示。

图3-2-24　"智能图形"命令

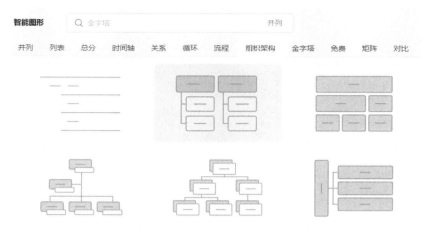

图3-2-25　插入组织结构框架

单击图表中的输入框，输入文字内容。如果不需要某个项目（文本框）时，选中它，然后按Delete键即可删除。选中组织结构图，在软件窗口上面会自动增加显示"设计"和"格式"两个选项卡，在这两个选项卡的功能区中可以对组织结构图进行进一步的美化和结构设计。其他智能图形的操作与组织结构图类似。

任务实施

步骤一　收集信息内容。根据任务要求收集秋分节气的相关信息素材。

步骤二　新建幻灯片。新建空白演示文稿，并保存文件在一个固定路径。根据内容设置7个页面。

步骤三　插入并编辑图片素材。将图片素材放置在对应文字处，如图3-2-26所示。调整图片大小和位置，如图3-2-27所示。

▶ 微课 ◀

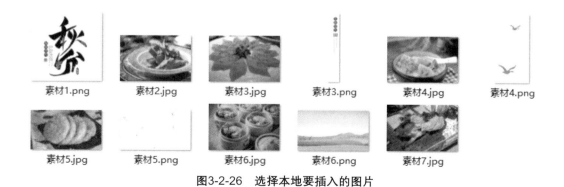

图3-2-26　选择本地要插入的图片

图3-2-27　调整图片大小和位置

步骤四　编辑幻灯片母版。设置母版颜色和字体，将每一页都会出现的班徽、班级名称放置在母版内，如图3-2-28所示。

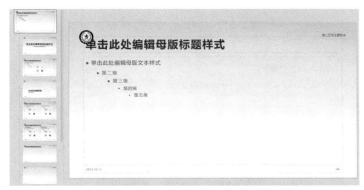

图3-2-28　编辑幻灯片母版

步骤五　填充文字信息。将文字信息填充在演示文稿内，如图3-2-29所示。

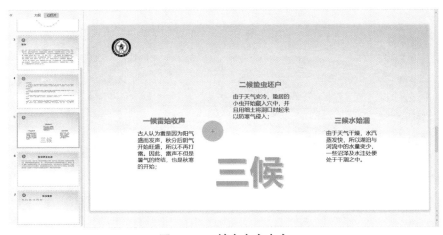

图3-2-29　填充文字内容

步骤六 插入并编辑图形素材。选择"插入">"形状"选项,选择需要的形状,如图3-2-30所示。编辑图形颜色与形状,如图3-2-31、图3-2-32所示。将图形摆放在合适的位置,如图3-2-33、图3-2-34所示。

图3-2-30 "插入形状"按钮

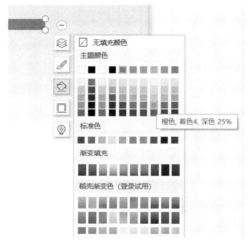

图3-2-31 编辑形状填充色

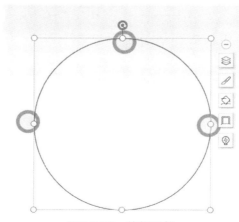

图3-2-32 编辑形状

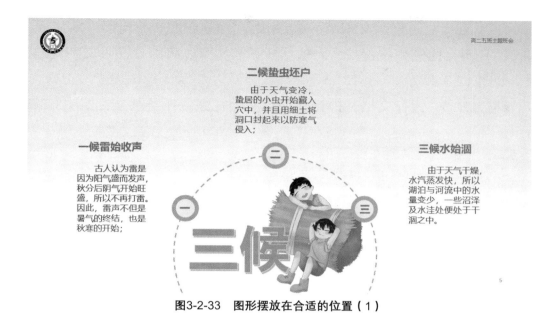

图3-2-33　图形摆放在合适的位置（1）

图3-2-34　图形摆放在合适的位置（2）

步骤七　插入并编辑表格。根据文字内容插入并设置表格，根据画面风格调整表格尺寸和颜色，将对应图文置于表格内，如图3-2-35所示。

图3-2-35　插入并编辑表格

步骤八 调整图文细节。通过预览（快捷键F5）观察演示文稿效果，调整图文比例和位置关系。根据任务需要可以将部分横版文字变为竖版，如图3-2-36所示。

步骤九 保存文档。检查并保存文档，完成任务制作，如图3-2-37所示。

图3-2-36 部分文字竖向排版

图3-2-37 完成演示文稿制作

任务评价与反思

序号	评价内容	评价标准	配分	评分记录		
				学生互评	组间互评	教师评价

序号	评价内容	评价标准	配分	学生互评	组间互评	教师评价
\multicolumn{7}{c}{"制作二十四节气之秋分介绍演示文稿"任务评价}						
1	操作过程	能够准确、熟练地完成操作步骤	40			
2	制作效果	演示文稿美观、完整、具有创新性	40			
3	沟通交流	能够积极、有效地与教师、小组成员沟通交流	20			
	总分		100			
任务反思						

任务三 制作城市宣传演示文稿
——音频动画设置及幻灯片放映

任务描述

制作一份城市宣传演示文稿，演示文稿要清晰展示文字、图片、音频、视频、动画等内容，页面排版整洁、美观，播放流畅。

任务分析

宣传展示类演示文稿是演示文稿的一种常见应用类型，通常用于传达特定的信息，推广产品或服务，展示组织单位的成果和成就，吸引投资或合作伙伴等。使用演示文稿，可以向观众呈现精美的视觉效果、动感十足的音效和有趣的动画，提高观众的兴趣和参与度，从而达到宣传展示的目的。通过城市宣传演示文稿的制作，还可以帮助学习者深入了解地方文化，全面地认识社会，增强自身的文化素养和综合素质。

WPS演示文稿提供了较完善的视音频和动画设置功能，利用相关功能，用户可以轻松创建出内容丰富、形式生动的传统文化演示文稿，展现城市的独特魅力和文化底蕴。

任务知识

一、音频设置

1. 插入音频

建立演示文稿，选择"插入">"音频">"嵌入音频"，选择声音素材后即可完成音频添加，如图3-3-1。添加后，演示文稿会出现声音图标，如图3-3-2。WPS演示文稿支持的声音格式多样，包括MP3、WAV、MID、M4A等常见音频格式。

图3-3-1 插入"音频"

图3-3-2 声音图标

注意：在WPS演示文稿中，明确区分了音频插入的形式，分别为嵌入音频和链接音频。

嵌入音频： 媒体文件将直接嵌入演示文稿，成为演示文稿的组成部分，演示文稿被发送至其他设备也可正常播放。

链接音频： 媒体文件将以链接的形式插入，不插入原文件，移动或发送演示文稿至其他设备时，媒体文件将无法正常播放。

2. 设置音频

单击音频图标，在"音频工具"选项卡中可对音频的各个功能进行设置，如图3-3-3所示。

图3-3-3 设置音频

选项卡中各功能作用如下。

播放： 单击"播放"按钮，立即开始播放音乐。

裁剪音频： 可以裁剪音频素材首尾范围，不能从中间进行编辑，如图3-3-4所示。

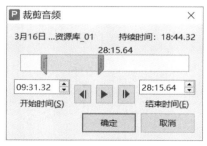

图3-3-4 裁剪音频

淡入： 在音频开始的几秒内使用淡入效果。

淡出： 在音频结束的几秒内使用淡出效果。

音量： 可以调整音乐的音量为高、中、低或静音。

开始： 设定音乐为自动、单击播放两种模式。

当前页播放： 选中后音乐只在当前幻灯片播放，切换下一页幻灯片时停止。

跨幻灯片播放：设定音乐从当前页开始，具体到某一页幻灯片结束。
循环播放，直至停止：选中后音乐会循环播放，直至幻灯片播放完成。
放映时隐藏：播放幻灯片时隐藏音频图标。
播放完返回开头：音频播放完后返回音频开始处。

二、视频设置

1. 插入视频

建立演示文稿，选择"插入">"视频">"嵌入视频"，可以导入视频素材，如图3-3-5所示。单击"插入视频"对话框，选择素材视频，单击"打开"按钮，即可插入视频。

2. 设置视频

单击选中视频，周围出现8个控制点，将鼠标指针移至对角线控制点上，按住Shift键的同时，拖动鼠标左键调整视频区域大小，再用鼠标左键拖拽视频封面，调整视频位置，效果如图3-3-6所示。

图3-3-5　嵌入视频

图3-3-6　调整视频文件

在"视频工具"选项卡中可对视频的各个功能进行设置，如图3-3-7所示。下面对几个特色功能做详细介绍。

图3-3-7　设置视频

裁剪视频：裁剪视频功能是简易版的视频剪辑功能，可以设置视频的"开始时间"和"结束时间"来剪辑视频，如图3-3-8所示。

图3-3-8 "裁剪视频"界面

全屏播放：勾选此选项，则全屏播放视频。

未播放时隐藏：勾选此选项，不播放视频时将隐藏视频图标。

循环播放，直到停止：勾选此选项，播放过程中若未操作幻灯片，视频会一直循环播放直到停止。

播放完返回开头：勾选此选项，播放结束后返回视频开头处，以便下次从头开始播放。

视频封面：可以在视频封面上添加图文信息。

三、动画设置

1. 设置图文元素动画

（1）创建基本动画　在幻灯片中，单击要制作成动画的对象，然后切换到"动画"选项卡，从"动画样式"列表框中选择所需的动画，即可快速创建基本动画，如图3-3-9所示。

图3-3-9　创建基本动画

（2）**编辑动画**　动画创建后，可以利用界面右侧的"动画窗格"对其进行编辑，如图3-3-10所示。常用的编辑对象包括"开始""方向""速度"，以及下方的动画层级关系。通过"开始"选项可以编辑动画的激发方式，"方向""速度"两个选项分别对应运动对象的运动方向和运动速度。如图3-3-10中"图片6""图片8""图片7"的上下次序代表了3个动画的播放次序，可以直接拖动调整。

图3-3-10　编辑动画

（3）**使用智能动画**　WPS演示文稿提供了智能动画功能，相较于普通动画效果，该功能动画具有更强的交互性和更细致的动画细节。选择"动画">"智能动画"，选择所需的动画效果即可完成智能动画创建，如图3-3-11所示。在目前的软件版本中，智能动画模板数量远低于基本动画样式。

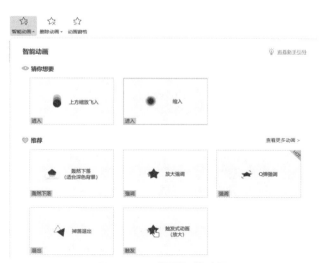

图3-3-11　设置智能动画

（4）**删除动画效果**　删除自定义动画效果的方法很简单，可以在选定要删除动画的对象后，切换到"动画"选项卡，通过下列三种方法来完成。

方法一，在"动画样式"列表框中选择"无"选项，如图3-3-12所示。

图3-3-12　删除动画效果方法一

方法二，打开"动画窗格"，然后在列表区域中右击要删除的动画，从弹出的快捷菜单中选择"删除"命令，如图3-3-13所示。

方法三，选择"删除动画"按钮，根据实际需求删除对应动画，如图3-3-14所示。

图3-3-13 删除动画效果方法二

图3-3-14 删除动画效果方法三

2. 设置幻灯片的切换效果

利用界面右侧的"幻灯片切换"窗格或"切换"功能区可以设置在幻灯片之间切换动画，如图3-3-15、图3-3-16所示。除了选择切换方式外，其中的"速度"和"声音"是最常用的修改项。选择"应用于所有幻灯片"，则会将切换效果应用于整个演示文稿。

图3-3-15 "幻灯片切换"窗格

图3-3-16 "切换"功能区

四、幻灯片放映

1. 启动放映

在WPS演示中,按F5键或者单击"放映"选项卡中的"从头开始"按钮,即可开始放映幻灯片。如果不是从头放映幻灯片,单击工作界面右下角的"放映"按钮,或者按Shift+F5组合键。在幻灯片放映过程中,按快捷键Ctrl+H和Ctrl+A能够分别实现隐藏、显示鼠标指针的操作。

2. 手动放映幻灯片

播放幻灯片时,手动查看下一张幻灯片的方法多样,具体见表3-3-1。

表3-3-1 手动查看下一张幻灯片的方法

序号	具体操作方法	序号	具体操作方法
方法一	单击鼠标左键	方法六	按N键
方法二	按空格键	方法七	按Page Down键
方法三	按回车键	方法八	按↓键
方法四	将鼠标移到屏幕的左下角,单击▷按钮	方法九	按→键
方法五	右击鼠标,从弹出的快捷菜单中选择"下一页"命令		

如果要回到上一张幻灯片,具体方法见表3-3-2。

表3-3-2 手动查看上一张幻灯片的方法

序号	具体操作方法	序号	具体操作方法
方法一	按BackSpace键	方法四	按P键
方法二	将鼠标移到屏幕的左下角,单击◁按钮	方法五	按↑键
方法三	右击鼠标,从弹出的快捷菜单中选择"上一页"命令	方法六	按←键

3. 自动放映

（1）**普通参数设置**　选择"放映">"放映设置"，可以切换手动放映与自动放映模式。打开"设置放映方式"对话框，可以对放映进行具体设置，如图3-3-17所示。其中，"演讲者放映（全屏幕）"选项可以运行全屏显示的演示文稿；"展台自动循环放映（全屏幕）"选项可循环播放演示文稿，并防止读者更改演示文稿。在"放映幻灯片"栏中可以设置要放映的幻灯片的页数范围。

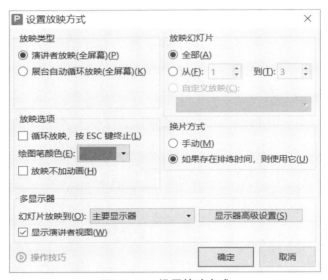

图3-3-17　设置放映方式

（2）**设置自动播放时间**　具体方法如下。

方法一，利用"自动换片"选项设置自动播放时间。"幻灯片切换"窗格或"切换"功能区内的"自动换片"选项用于设置自动播放模式下幻灯片的停留时间。设置"自动换片"时间参数后，使用"幻灯片浏览"功能可以观察每一张幻灯片在自动播放模式下的停留时间，如图3-3-18所示。

图3-3-18　预览幻灯片停留时间

方法二，利用"排练计时"功能设置自动播放时间。如图3-3-19所示，选择"放映">"排练计时"，系统将切换到幻灯片放映视图。在放映过程中，屏幕上会出现"预演"工具栏，如图3-3-20所示，单击该工具栏中的"下一项"按钮，即可播放下一张幻灯片，并在"幻灯片放映时间"文本框中开始记录新幻灯片的时间。

图3-3-19 设置排练计时

图3-3-20 设置"预演"

排练结束放映后，在出现的对话框中单击"是"按钮，即可接受排练的时间，如图3-3-21所示。

图3-3-21 确认放映时间

任务实施

步骤一 收集信息内容。根据任务要求收集城市宣传介绍相关信息素材。

步骤二 新建幻灯片。新建空白演示文稿，并保存文件在一个固定路径。

步骤三 填充文字信息。将文字信息填充在演示文稿内，如图3-3-22所示。

微课

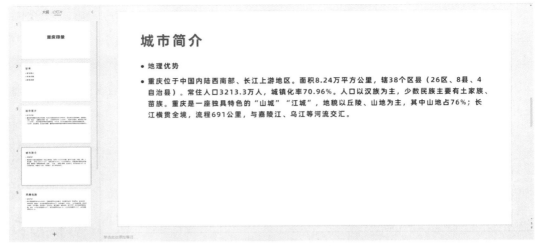

图3-3-22 填充文字内容

步骤四 插入并编辑图片素材。将图片素材放置在对应文字处,调整图片大小和位置。

步骤五 插入并编辑音频。选中第二张幻灯片,选择"嵌入背景音乐"模式,插入音频素材,如图3-3-23所示。移动音频图标至画面外,作为背景音乐,如图3-3-24所示。

图3-3-23 插入音频

图3-3-24 设置音频图标位置

步骤六 插入并编辑视频。在对应页面，选择"嵌入视频"模式插入视频，如图3-3-25所示。插入视频后，对视频大小位置进行调整。

图3-3-25 插入视频

步骤七 设置动画效果。选中第一张幻灯片白色部分，然后切换到"动画"选项卡，从"动画样式"列表框中选择"渐变"效果，如图3-3-26所示。

依次添加其他元素的动画效果，如图3-3-27所示。

图3-3-26 设置动画效果

图3-3-27 依次添加动画效果

步骤八 设置切换效果。单击第二张幻灯片缩略图，然后切换到"切换"选项卡，在"切换方案"列表框中选择"平滑"效果，如图3-3-28所示。

将右侧选项组的"速度"设置为"1.50"，"自动换片"设置为"00:10"，如图3-3-29所示。单击"应用到全部"按钮，将切换效果应用于整个演示文稿。

步骤九 设置幻灯片放映。切换到"放映"选项卡，单击"放映设置"按钮，设置为"手动放映"。

步骤十 保存文档。检查并保存文档，完成任务制作。

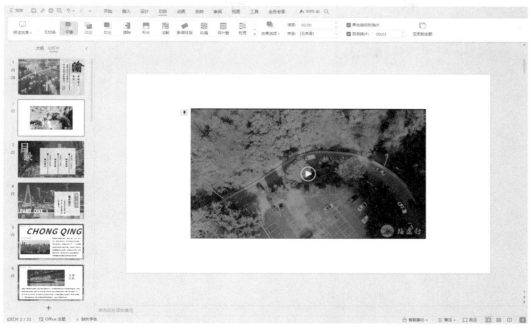

图3-3-28　设置幻灯片的切换效果

图3-3-29　设置切换"速度"

任务评价与反思

\"制作城市宣传演示文稿\"任务评价					
序号	评价内容	评价标准	配分	评分记录		
				学生互评	组间互评	教师评价
1	操作过程	能够准确、熟练地完成操作步骤	40			
2	制作效果	演示文稿美观、完整、具有创新性	40			
3	沟通交流	能够积极、有效地与教师、小组成员沟通交流	20			
总分				100		
任务反思					

知识巩固

一、选择题

1. WPS演示文稿输出方式包括（　　）

   A. 输出为图片　　　　　　　　　　B. 输出为PDF

   C. 输出为pptx格式文件　　　　　　D. 文件打包

2. 保存演示文稿的方法包括（　　）

   A. 新建文稿后，选择"文件">"保存"命令，弹出"另存为"对话框，选择存储路径，输入文件名，选择"文件类型"，单击"保存"按钮保存文件

   B. 单击"快速访问工具栏"中的"保存"按钮，打开"另存文件"对话框进行保存

   C. 使用快捷键Ctrl+S，打开"另存为"对话框进行保存

   D. 选择"文件">"另存为"命令，选择文件类型，单击"保存"按钮保存文件

3. WPS演示文稿中的文字包括哪些类型（　　）

   A. 占位符文本　　　　　　　　　　B. 文本框中的文本

   C. 插入的图形中的文本　　　　　　D. 艺术字文本

4. 播放幻灯片时，手动查看下一张幻灯片的方法包括（　　）

   A. 按空格键　　　　　　　　　　　B. 按N键

   C. 按↑键　　　　　　　　　　　　D. 按→键

5. 在WPS演示文稿中，设置自动播放时间的方法包括（　　）

   A. 利用"自动换片"选项可以设置自动播放时间

   B. 利用动画窗格的"速度"参数可以设置自动播放时间

   C. 目前，利用WPS AI功能可以设置自动播放时间

   D. 利用"排练计时"功能设置自动播放时间

二、判断题

1. 幻灯片母版是存储幻灯片有关设计信息的模板,这些信息包括字形、占位符大小、背景设计等。母版在幻灯片制作之初就要设置好,它决定着幻灯片的"背景"。（ ）

2. 母版分为主母版和版式母版,更改版式母版,则所有页面都会发生改变。（ ）

3. 在WPS演示中,嵌入音频是将媒体文件直接嵌入演示文稿,成为演示文稿的组成部分,演示文稿发送至其他设备也可正常播放。而链接音频是将媒体文件将以链接的形式插入,不插入原文件,移动或发送演示文稿至其他设备时,媒体文件将无法正常播放。（ ）

4. 在WPS演示中,不能对视频进行裁剪。（ ）

5. WPS演示文稿提供了智能动画功能,相较于普通动画效果,该功能动画具有更强的交互性和更细致的动画细节。在目前的软件版本中,智能动画模版数量远低于基本动画样式。（ ）

模块四　WPS AI应用

随着科技的不断发展，人工智能已经逐渐渗透到我们生活的方方面面。在办公软件领域，人工智能技术也发挥着越来越重要的作用。WPS AI功能是金山办公软件推出的一款智能化辅助功能，它能够通过自然语言处理、机器学习等技术，为用户提供智能化的办公体验。相较于传统的办公软件，WPS AI功能更加自动化和智能化，能够大大提高用户的工作效率。掌握WPS AI功能有助于学习者提高学习和工作效率，提升技能水平，从而拓展职业发展空间。

学习目标

素养目标

具备主动学习习惯和创新思维，积极主动地探索、学习、应用WPS的AI功能；

具备对AI功能的负责任使用意识，遵守相关法规和道德准则。

知识目标

了解WPS AI功能的基本原理和适用性；

掌握不同应用场景下WPS AI功能的使用方法。

能力目标

能够在文字、表格、演示文稿、PDF等办公组件中，以及移动端应用场景下使用WPS AI功能；

能够评估WPS AI功能的准确性、效率和可靠性。

任务一　制作暑期实习工作证明
——WPS文字AI功能应用

任务描述

制作一份暑期实习工作证明，证明文件要明确姓名、性别、身份证号码、实习单位、岗位、实习周期、实习表现等信息。

任务分析

寒暑假期间，很多同学都有实习工作的愿望。中职学生暑期实习工作可以帮助学生了解社会，提高素质，适应工作环境，满足用人单位需求，并培养创新意识和创业精神，对学生职业发展和个人成长具有积极意义。

学生实习工作证明对于求职、证明工作经历具有重要作用，而利用WPS文字AI功能可以快速生成相关文字框架内容。

任务知识

WPS文字AI功能可以自动生成内容，对长文进行精准的分析和重点信息的提炼，提升创作和阅读效率。

一、唤起WPS文字AI功能

唤起WPS文字AI功能的方法有4种。

方法一，输入"@AI"并按下回车键，唤起WPS AI助手。输入"@AI"会自动弹出"按Enter唤起WPS AI助手"提示，如图4-1-1所示。按Enter键唤起WPS AI助手界面，如图4-1-2所示。

图4-1-1　"按Enter唤起WPS AI助手"提示　　　图4-1-2　WPS AI助手界面

方法二，通过悬浮菜单唤起WPS AI助手。选中文字内容后会出现悬浮菜单，如图4-1-3所示。在菜单中点击"WPS AI"可以唤起WPS AI助手界面。

图4-1-3 选中文字内容后会出现悬浮菜单

方法三，通过界面上部的选项卡唤起WPS AI助手。点击界面上部的选项卡WPS AI选项可以唤起WPS AI助手界面，如图4-1-4所示。用此方法唤起WPS AI助手时，WPS AI助手处于界面右侧，如图4-1-5所示。

图4-1-4 界面上部的选项卡WPS AI选项

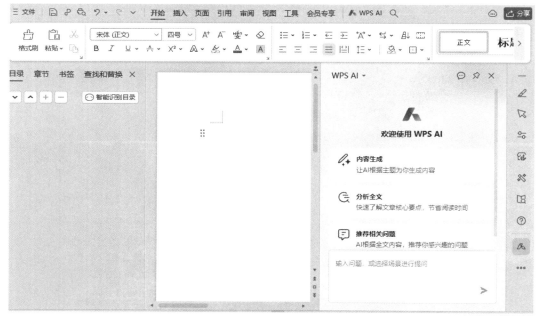

图4-1-5 WPS AI助手处于界面右侧

二、WPS文字AI功能

1. 文字内容生成

根据需要创作的方向，选择匹配的主题。如选择请假条，录入关键词之后，WPS AI支持生成带格式的内容。如图4-1-6、图4-1-7所示。

图4-1-6　选择匹配的主题

图4-1-7　生成文字内容

2. 内容分析

WPS AI可以分析全文，并给出重点内容及相关原文页码，点击页码可跳转到对应详情页，如图4-1-8、图4-1-9所示。

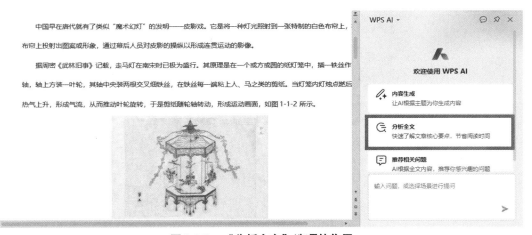

图4-1-8　"分析全文"选项的位置

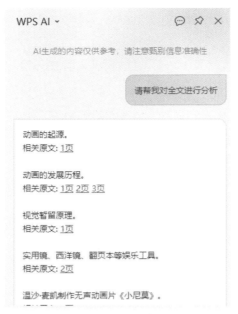

图4-1-9 分析结果

任务实施

步骤一 创建与保存文档。创建文字空白文档，保存文件在一个固定路径。

步骤二 唤起WPS AI助手，根据需要创作的方向，选择匹配的主题，如选择"工作证明"，如图4-1-10所示。根据文字提示填充对应文字内容，如图4-1-11所示。

▶ 微课 ◀

图4-1-10 选择匹配的主题

图4-1-11 根据文字提示填充对应文字内容

步骤三 点击向右箭头生成内容，如图4-1-12所示。如文字基本合适，点击"完成"确认文字内容。

步骤四 完善保存文件。根据应用情境调整补充文字内容与格式，检查文档并保存，完成文字证明制作，如图4-1-13所示。

工作证明

兹证明，姓名：李磊，性别：男，身份证号：000000000000000000，于2023年7月1日至2023年8月30日，在新天地公司宣传部，担任平面设计师职务，至今已有2个月。

情况属实，特此证明！

证明单位：新天地公司
2023年8月30日

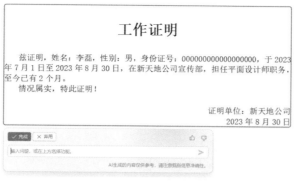

图4-1-12　生成文字内容

暑期实习工作证明

兹证明，姓名：李磊，性别：男，身份证号：000000000000000000，于2023年7月1日至2023年8月30日，在本公司宣传部，担任平面设计师职位。实习期间，李磊表现出色，工作认真细致，具有较强的沟通能力和团队协作能力，深受领导和同事的好评。

情况属实，特此证明！

证明单位：新天地公司
证明日期：20××年××月××日

图4-1-13　暑期实习证明

注意事项：

● 目前，WPS的所有AI功能都需要在联网的情况下才能使用。

● WPS文字AI功能所生成的内容主要是为了提供参考，因此用户需要对数据信息自行进行甄别，以确保信息的准确性。同时，在使用相关功能后，用户需要对文字信息的内容和格式进行适当的调整，以确保其准确性和适用性。

● 在使用WPS文字AI功能时，不必拘泥于功能所提供的固定选项，可以直接以文字的形式向AI提出工作要求。如前文生成“暑期实习工作证明”时，不必选取“工作证明”，直接将工作要求“制作一份暑期实习工作证明，李磊、男、000000000000000000、2023年7月1日—8月30日、新天地公司宣传部、平面设计师”提交给AI，也能生成相同效果的文档，如图4-1-14所示。

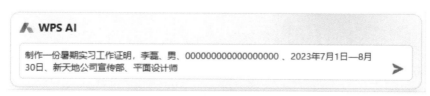

图4-1-14　直接将工作要求提交给AI

任务评价与反思

		"制作暑期实习工作证明"任务评价				
序号	评价内容	评价标准	配分	评分记录		
				学生互评	组间互评	教师评价
1	操作过程	能够准确、熟练地完成操作步骤	50			
2	制作效果	工作证明内容完整，制作具有创新性	30			
3	沟通交流	能够积极、有效地与教师、小组成员沟通交流	20			
	总分		100			
任务反思						

任务二　统计教材征订表金额
——WPS表格AI功能应用

任务描述

统计表4-2-1"金额"列（"报订数"×"单册定价"="金额"），计算"智能控制"和"电子商务"专业教材总金额。

表4-2-1　教材征订表

专业	书名	报订数	单册定价	金额
智能控制	电子测量技术与仪器	150	27	
	电子测量技术与仪器辅导与练习	150	17.5	
	电气设备安装与维护项目实训	100	47.5	
	智能家居控制技术及应用	100	38	
	Altium Designer10.0电路设计实用教程	250	35	
旅游服务	园林植物病虫害防治（第二版）	50	34.9	
	Auto CAD辅助园林景观设计（第二版）	39	36	
电子商务	物流基本技能实训	50	28.59	
	市场营销实务	50	29.37	
	货物学（第三版）	46	44	
	新媒体编辑实战教程	46	49.8	

任务分析

通过计算和整理表格数据，能够提取有价值的信息，为决策提供依据。在本任务中，高效和科学地归纳教材征订表中的数据，有助于更好地统计费用，制定合理的教材征订预算。

使用WPS表格AI功能能够快速进行数据归纳和函数计算，更高效准确地帮助用户分析数据。

任务知识

WPS表格AI功能可以快速实现标记条件、生成公式、分析数据、筛选排序等操作，提升数据分析和处理效率。

一、唤起WPS表格AI功能

唤起WPS表格AI功能的方法有2种。

方法一，在单元格输入"=AI"，按Enter键唤起AI助手。在工作表内任意空白单元格输入"=AI"会自动弹出"输入=AI，按Enter键可唤起WPS AI助手"提示，如图4-2-1所示。输入"=AI"按Enter键唤起AI助手，如图4-2-2所示。

图4-2-1 "输入=AI，按Enter唤起WPS AI助手"提示

图4-2-2 "WPS AI"助手界面

方法二，通过界面上部的选项卡唤起WPS AI助手。点击界面上部的选项卡WPS AI选项可以唤起WPS AI助手界面，如图4-2-3所示。用此方法唤起WPS AI助手时，WPS AI助手处于界面右侧，如图4-2-4所示。

图4-2-3 界面上部的选项卡WPS AI选项

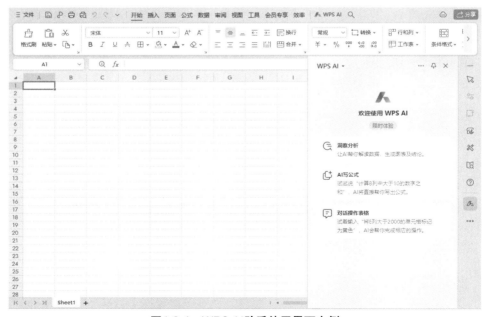

图4-2-4 WPS AI助手处于界面右侧

二、WPS表格AI功能

1. 条件标记

用户可以利用WPS AI高亮标记目标数据。如图4-2-5所示，在教材目录数据中，标记超70元书籍，可以向WPS AI描述"把D列大于70的值标黄"。

图4-2-5　利用WPS AI高亮标记目标数据

2. 生成公式

用户可以直接告诉WPS AI想要的结果，即可完成公式计算。如图4-2-6所示，在教材目录数据中，想要了解超过70元的书籍总额，可以向WPS AI描述"计算D列中大于70的值的总和"。

图4-2-6　完成公式计算

3. 筛选排序

用户可以通过WPS AI快速完成数据筛选。如图4-2-7所示，在教材目录数据中，想要了解单价在某个区间的教材，可以向WPS AI描述"把D列中小于80大于50的数据筛选出来"。

图4-2-7　完成筛选排序

任务实施

 导入与另存文档。打开教材征订表格，另存文件在一个固定路径。

步骤二　唤起WPS AI助手。

步骤三　利用WPS AI功能统计"金额"列。向WPS AI描述"将报订数乘以单册定价"，会出现如图4-2-8所示信息。选择"金额"列，点击"插入到当前单元格"按钮，可以计算出"金额"列数值，如图4-2-9所示。

图4-2-8　WPS AI生成任务公式

A	B	C	D	E
专业	书名	报订数	单册定价	金额
智能控制	电子测量技术与仪器	150	27	4050
	电子测量技术与仪器辅导与练习	150	17.5	2625
	电气设备安装与维护项目实训	100	47.5	4750
	智能家居控制技术及应用	100	38	3800
	Altium Designer10.0电路设计实用教程	250	35	8750
旅游服务	园林植物病虫害防治（第二版）	50	34.9	1745
	Auto CAD 辅助园林景观设计（第二版）	39	36	1404
电子商务	物流基本技能实训	50	28.59	1429.5
	市场营销实务	50	29.37	1468.5
	货物学（第三版）	46	44	2024
	新媒体编辑实战教程	46	49.8	2290.8

图4-2-9　得到"金额"列数值

步骤四　利用WPS AI功能计算"智能控制"和"电子商务"专业教材总金额。向WPS AI描述"筛选A列智能控制和电子商务"，会得到如图4-2-10所示结果。继续向WPS AI描述"计算E列总和"，选择空白表格，点击"插入到当前单元格"按钮，可以得到"智能控制"和"电子商务"专业教材总金额，如图4-2-11所示。

步骤五　完善保存文件。优化表格格式，检查文档并保存，完成任务工作。

专业	书名	报订数	单册定价	金额
智能控制	电子测量技术与仪器	150	27	4050
	电子测量技术与仪器辅导与练习	150	17.5	2625
	电气设备安装与维护项目实训	100	47.5	4750
	智能家居控制技术及应用	100	38	3800
	Altium Designer10.0电路设计实用教程	250	35	8750
电子商务	物流基本技能实训	50	28.59	1429.5
	市场营销实务	50	29.37	1468.5
	货物学（第三版）	46	44	2024
	新媒体编辑实战教程	46	49.8	2290.8

图4-2-10　筛选结果

专业	书名	报订数	单册定价	金额
智能控制	电子测量技术与仪器	150	27	4050
	电子测量技术与仪器辅导与练习	150	17.5	2625
	电气设备安装与维护项目实训	100	47.5	4750
	智能家居控制技术及应用	100	38	3800
	Altium Designer10.0电路设计实用教程	250	35	8750
电子商务	物流基本技能实训	50	28.59	1429.5
	市场营销实务	50	29.37	1468.5
	货物学（第三版）	46	44	2024
	新媒体编辑实战教程	46	49.8	2290.8
				34336.8

图4-2-11　得到"智能控制"和"电子商务"专业教材总金额

注意事项：

● WPS表格的AI功能仍在不断改进和迭代，其中部分功能尚不稳定。为了获得更理想的结果，向其发出指令需要遵循一定的格式。若未按照正确的格式发送指令，可能会导致输出结果不理想。

● 从学习原理和运行环境考量，建议学习者先了解传统表格函数计算原理，再使用WPS表格AI功能，从而更好地理解和掌握WPS表格的功能，提高学习工作效率。

任务评价与反思

"统计教材征订金额"任务评价						
序号	评价内容	评价标准	配分	评分记录		
				学生互评	组间互评	教师评价
1	操作过程	能够准确、熟练地完成操作步骤	40			
2	制作效果	表格美观、完整、具有创新性	40			
3	沟通交流	能够积极、有效地与教师、小组成员沟通交流	20			
总分			100			
任务反思						

任务三　制作古诗赏析演示文稿
——WPS演示文稿AI功能应用

任务描述

制作一份古诗赏析演示文稿。要求演示文稿图文风格统一，有演讲备注。

古诗名：《晓出净慈寺送林子方》

发言人：李磊

副标题：南川隆化职业中学校诗词社古诗赏析会

任务分析

诗词文化作为中国传统文化的重要组成部分，具有源远流长的历史传承和深厚的文化底蕴。在古诗赏析演示文稿的制作过程中，演讲者需要为观众提供一种身临其境的代入感，这就对演示文稿的文字质量和画面表现提出了更高的要求。在制作演示文稿的过程中，收集素材和整理文字是两项至关重要的工作。然而，当制作任务较为紧急时，制作者往往很难同时兼顾这两方面的工作，从而影响了工作效率。

使用WPS演示文稿AI功能快速生成演示文稿框架，用户在此基础上进行补充优化，可以提高工作效率，完成一些紧急的演示文稿制作任务。

任务知识

WPS演示文稿AI功能可以一键生成内容大纲及完整幻灯片，自动美化排版，生成演讲稿备注，提升PPT制作与使用效率。

一、唤起WPS演示文稿AI功能

方法一，在新建演示页选择"智能创作"。新建演示文稿时会出现"智能创作"选项，如图4-3-1。点击后可以唤起WPS AI助手界面，如图4-3-2所示。

方法二，通过界面上部的选项卡唤起WPS AI助手。点击界面上部的选项卡"WPS AI"选项可以唤起WPS AI助手界面，如图4-3-3所示。

图4-3-1 "智能创作"选项位置

图4-3-2 唤起WPS AI助手

图4-3-3 界面上部的选项卡"WPS AI"选项

二、WPS演示文稿AI功能

1.生成幻灯片内容

根据创作需求，选择"一键生成幻灯片"，并输入需要的主题，如"分析牡丹花的特点"，如图4-3-4所示。WPS AI 会根据主题生成大纲内容，如图4-3-5所示。点击"生成完整幻灯片"即可一键生成演示文稿，如图4-3-6所示。

图4-3-4 选择"一键生成幻灯片"，并输入需要的主题

图4-3-5 根据主题生成大纲内容

图4-3-6 一键生成演示文稿

2. 排版美化

生成幻灯片后，可以选择WPS AI推荐风格，点击"应用"后进行一键切换，如图4-3-7所示。WPS AI也可以通过"更换主题""更换配色方案""更换字体方案"选项更换PPT的主题、配色、字体，如图4-3-8所示。且更改对象并不局限于AI生成的PPT。

图4-3-7　切换主题风格

图4-3-8　利用WPS AI可以更换PPT的主题、配色和字体

3. 生成演讲稿

选择"生成全文演讲者备注"，WPS AI可自动为每一页生成演讲备注，如图4-3-9所示。且生成对象并不局限于AI生成的PPT。

图4-3-9　生成演讲备注

任务实施

步骤一 创建与保存文档。创建文字空白文档，保存文件在一个固定路径。

步骤二 利用AI功能生成演示文稿。唤起WPS AI助手，选择"一键生成幻灯片"，并输入"赏析古诗《晓出净慈寺送林子方》"，如图4-3-10所示。确认主题生成大纲内容，点击"生成完整幻灯片"，应用生成演示文稿，如图4-3-11所示。此时，演示文稿图文风格不匹配，需要调整。

微课

图4-3-10 输入制作主题

图4-3-11 生成演示文稿

步骤三 利用AI功能调整演示文稿。使用"更换主题"选项为演示文稿更换合适的主题风格，如图4-3-12、图4-3-13所示。

图4-3-12 使用"更换主题"选项

图4-3-13　更换后的效果

步骤四　手动调整演示文稿文字信息。检查已生成信息数据，根据实际应用情境调整AI生成文字。

步骤五　利用AI功能生成演讲备注。选择"生成全文演讲者备注"，为每一页生成演讲备注，如表4-3-1所示。

表4-3-1　演讲备注（第一页）

尊敬的老师，亲爱的同学们，大家好！今天我为大家带来一首宋代诗人杨万里的经典古诗《晓出净慈寺送林子方》，希望通过这次的赏析，能让大家更深入地了解古诗的魅力。

步骤六　完善保存文件。手动调整演示文稿排版和字体，检查文档并保存，完成演示文稿制作，如图4-3-14所示。

图4-3-14　手动调整演示文稿后

注意事项：

● 用户需要对AI功能所生成的信息内容进行甄别、补充，以确保信息的准确性和适用性。

● WPS演示文稿AI的"更换字体方案"功能所提供的字体并没有考虑字体使用版权，部分字体需要获取使用、发布权限才能使用。如果演示文档用于大范围发布，要斟酌使用该功能。如坚持使用，要购买开通相关字体使用、发布权限。

● 利用AI功能生成演讲备注，需要以文字内容准确为前提。生成后，还需要根据实际使用情况进行文字调整。

● 如果文字成熟，用户可以直接将文字输入一键生成幻灯片关键标题输入AI，这样生成的演示文稿更加准确。

任务评价与反思

序号	评价内容	评价标准	配分	评分记录		
				学生互评	组间互评	教师评价
1	操作过程	能够准确、熟练地完成操作步骤	40			
2	制作效果	演示文稿美观、完整、具有创新性	40			
3	沟通交流	能够积极、有效地与教师、小组成员沟通交流	20			
	总分		100			
任务反思						

知识巩固

一、选择题

1. 唤起WPS文字AI功能的方式包括（ ）

    A. 使用语音指令可以唤起WPS AI助手界面

    B. 输入"@AI"会自动弹出"按Enter唤起WPS AI助手"提示，按Enter键可以唤起WPS AI助手界面

    C. 选中文字内容后会出现悬浮菜单，在菜单中点击"WPS AI"可以唤起WPS AI助手界面

    D. 点击界面上部的选项卡"WPS AI"选项可以唤起WPS AI助手界面

2. 唤起WPS表格AI功能的方法包括（ ）

    A. 在工作表内任意空白单元格输入"=AI"按Enter键可以唤起AI助手

    B. 在工作表内任意空白单元格输入"AI"按Enter键可以唤起AI助手

    C. 点击界面下部的选项卡"WPS AI"选项可以唤起WPS AI助手界面

    D. 点击界面上部的选项卡"WPS AI"选项可以唤起WPS AI助手界面

3. WPS表格AI功能包括（ ）

    A. 条件标记　　　B. 生成公式　　　C. 筛选排序　　　D. 文字转表格

4. 唤起WPS演示文稿AI功能的方法包括（ ）

    A. 新建演示文稿时会出现"智能创作"选项，点击后可以唤起WPS AI助手界面

    B. 新建演示文稿时会出现"WPS AI"选项，点击后可以唤起WPS AI助手界面

    C. 点击界面上部的选项卡"WPS AI"选项可以唤起WPS AI助手界面

    D. 点击界面下部的选项卡"WPS AI"选项可以唤起WPS AI助手界面

5. WPS演示文稿AI功能包括（ ）

    A. 生成思维导图　　　　　　　　B. 利用文字生成幻灯片内容

    C. 排版美化　　　　　　　　　　D. 生成演讲稿

二、判断题

1. WPS AI可以分析全文,并给出重点内容及相关原文页码,点击页码可跳转对应详情页。（　　）

2. 目前,WPS的AI功能不需要联网就可以使用。（　　）

3. 用户需要对WPS文字AI功能所生成的内容自行甄别,以确保信息的准确性。（　　）

4. 在使用WPS文字AI功能时,不必拘泥于功能所提供的固定选项,可以直接以文字的形式向AI提出工作要求。（　　）

5. 使用WPS表格的AI功能时,为了获得更理想的结果,向其发出指令需要遵循一定的格式。若未按照正确的格式发送指令,可能会导致输出的结果不理想。（　　）

6. WPS演示文稿AI的"更换字体方案"功能所提供的字体并没有考虑字体使用版权,部分字体需要获取使用、发布权限才能使用。如果演示文档用于大范围发布,要斟酌使用该功能。如坚持使用,要购买开通相关字体使用、发布权限。（　　）

模块四
知识巩固答案

参考文献

[1] 北京金山办公软件股份有限公司.WPS办公应用[M].北京:高等教育出版社,2022.

[2] 北京金山办公软件股份有限公司.WPS学堂[EB/OL].